上理传播学教材

移动媒体实训
简明教程

吕剑　武彬　许秦蓉　编著

中国书籍出版社
China Book Press

图书在版编目（CIP）数据

移动媒体实训简明教程/吕剑，武彬，许秦蓉编著. —北京：
中国书籍出版社，2020.12
ISBN 978－7－5068－8294－1

Ⅰ．①移… Ⅱ．①吕… ②武… ③许… Ⅲ．①移动通信－教材
Ⅳ．①TN929.5

中国版本图书馆 CIP 数据核字（2021）第 000200 号

移动媒体实训简明教程

吕 剑 武 彬 许秦蓉 编著

责任编辑/钱沛涵 庞 元
责任印制/孙马飞 马 芝
封面设计/东方美迪
出版发行/中国书籍出版社
　　　　地 址：北京市丰台区三路居路 97 号（邮编：100073）
　　　　电 话：（010）52257143（总编室）（010）52257140（发行部）
　　　　电子邮箱：eo@chinabp.com.cn
经 销/全国新华书店
印 刷/北京九州迅驰传媒文化有限公司
开 本/787 毫米×1092 毫米 1/16
印 张/15.75
字 数/222 千字
版 次/2020 年 12 月第 1 版 2020 年 12 月第 1 次印刷
书 号/ISBN 978－7－5068－8294－1
定 价/68.00 元

前　言

　　随着科学技术的不断发展，目前人们对手机这一通讯工具的需求，不再简单地停留于通讯的方便上，更对其影音播放、浏览网页、游戏娱乐、发送邮件、电子导航、商务办公等功能提出了需求。智能手机和平板电脑等移动设备的出现，恰恰满足了人们这方面的需求。

　　由于智能手机和平板电脑等硬件技术的快速提高，伴随着大容量的手机内存，高清晰度的手机镜头，灵敏的触摸屏，便捷快速的4G网络普及，越来越多的功能可以通过使用移动设备中的应用软件来完成。因此，基于移动平台的媒体传播和针对特定功能的应用软件开发，逐步占据了主导地位。

　　2011年，微信出现在大众生活中，凭借其以"强关系"为特征的社交属性，迅速占据了手机社交媒体软件市场。2013年年底，微信已获得超过6亿的用户，无论是专家学者还是业界商人，都将目光聚焦在微信上。随着微信功能的不断丰富，微信公众平台于2012年诞生，因其精准传播的独特优势渐渐深入人们的生活，被视为是继微博之后另一个广阔的"自媒体"平台。微信及微信公众平台出现在"互联网＋"的时代背景下，除了发挥传统媒体信息生产和消费的作用，还具备互联网商业化的色彩，这也是"微信支付""滴滴打车""京东精选""腾讯公益"等各种功能出现在微信钱包中的根本原因。"互联网＋商务""互联网＋金融""互联网＋消费"会成为伴随微信成长的新特征。

　　HTML5是取代HTML4的新一代Web技术，已经被广泛应用于各智能移动终端设备上，而且绝大部分技术已经被各种最新版本的浏览器所支持。利用已经完成的标准，我们可以根据一套成形的规则创建网页，而浏览器也能根据这套规则显示这些页面。万维网是属于每一个人的，任何人都可以自由地创建和发布网站。本书介绍了两种制作HTML5页面的方式。一种是在线的编辑方式，使用网站提供功能编辑HTML5移动终端网页。一种是使用Dreamweaver编辑

HTML5 移动端网页，再将制作的页面上传到网络空间中。

目前，移动数字媒体两大主流移动操作系统是 iOS 系统和 Android 系统。Android 系统由于其自由性和开放性受到了众多软件开发者的欢迎。Android APP 在中国的前景十分广阔，目前已经形成了成熟的消费群体。由此，国内许多厂商和运营商也纷纷加入了 Android 的开发阵营之中，包括中国移动、中国联通、华为通讯、联想、小米等企业，可以预见到 Android 将会被广泛应用于国产智能设备上，并扩大安卓系统的使用范围。据相关数据统计，截止到 2018 年 8 月，安卓系统市场占有率高达 85.9%，除了苹果手机之外，目前几乎所有的智能手机都采用安卓系统。

智能手机 UI 界面及图标设计的好坏，直接影响用户使用软件的心理体验以及交互功能实现的有效程度。因此，我们从用户的交互体验出发，以实例的方式展示如何进行 UI 和 UE 设计，加强和提升移动媒体 App 的界面美感及用户体验。用触摸式界面取代了繁琐的物理按键，用图标作为手机交互界面最重要的组成部分，将功能及图形界面组合起来制作传播效果，秉持以用户为中心的设计理念，设计越来越多样化的手机界面及其交互方式。

本书就是在这样的时代背景下，用简明的论述，通俗易懂的方法，以实例的形式，将微信公众号、UI 界面设计、HTML5、Android App 制作的过程，具体操作、功能介绍以及注意事项，较为完整地展示给读者。

本书的第一章由李翔宇编写，第二、三、六章由吕剑编写，第四、七章由武彬编写，第五章由许秦蓉编写。在实例制作方面得到了段楚奇、陆晶、胡航飞、张焱等同学的协助，在此表示感谢！

目　录

第 1 章　移动媒体技术演变

1.1　移动媒体技术的 Web 1.0 时代

Web 1.0 时代是互联网大众媒介化的开始，"内容为王"的时代。在 Web 1.0 时代，网站以内容为核心，网站提供图文、音视频服务。在移动终端中，用户通过浏览器、App 等窗口获取信息，扮演接收者与信息终点的角色。此时，信息传递进行着"网站（App）—人"的单向传递。

在移动媒体的 Web 1.0 时代，其主要功能是提供信息，主要产品是移动门户网站（WAP）与信息类 App。WAP（Wireless Application Protocol）是无线应用协议的缩写，是一种实现移动电话与互联网结合的应用协议标准。WAP 网站，即传统网站的移动版。而 App 则是应用程序（Application）的简称，也是运行在移动终端的软件的简称。

图 1.1.1　WAP 网站手机腾讯网

Web 1.0 主要的技术是网站建设与"类网站"App（即只提供信息服务的 App）制作，这也是移动媒体技术的基础与起源。

1. WML 技术

WML 技术是 WAP1.0 时代的主要技术。WML（无线标记语言）技术是一种标记语言，与 HTML（标准通用标记语言下的一个应用）类似。它基于可扩展标记语言（标准通用标记语言下的一个子集）。WML 是专门为手持式移动通信终端（手机）设计的，HTML 是为个人计算机（电脑）设计的。

与 HTML 编写的内容相比，WML 消耗的内存和 CPU 时间更少，因此 WML 更适合移动电话等手持移动设备。HTML 语言写出的内容，在电脑上用浏览器进行阅读，而 WML 语言写出的文件，则是专门用在手机上的，需要使用手机中的 WAP 浏览器来阅读。WML 也向使用者提供人机交互界面，接受使用者输入的查询等信息，然后向使用者返回他所想要获得的最终信息。

WML 的页面通常叫做桌面（DECK），由一组互相链接的卡片（CARD）组成。当移动电话访问一个 WML 页面的时候，页面的所有 CARD 都会从 WAP 服务器下载到设备里。CARD 之间的切换由电话内置的计算机处理，不需要再到服务器上取信息了。CARD 里可以包含文本、标记、链接、输入控制、任务（TASK）、图像等等。CARD 之间可以互相链接。

2. XHTML 技术

XHTML 技术是 WAP2.0 时代的主要技术，是一种可扩展超文本标记语言。HTML 是一种基本的 WEB 网页设计语言，XHTML 是一个基于可扩展标记语言的标记语言，看起来与 HTML 有些相像，只有一些小的但重要的区别，XHTML 就是一个扮演着类似 HTML 的角色的可扩展标记语言（XML）。所以，从本质上说，XHTML 是一种过渡技术，结合了部分 XML 的强大功能及大多数 HTML 的简单特性。

2000 年年底，国际 W3C 组织（万维网联盟）公布发行了 XHTML 1.0 版本。XHTML 1.0 是一种在 HTML 4.0 基础上优化和改进的的新语言，目的是基于 XML 应用。XHTML 是一种增强了的 HTML，XHTML 是更严谨更纯净的 HTML版本，它的可扩展性和灵活性将适应未来网络应用更多的需求。XML 虽然数据转换能力强大，完全可以替代 HTML，但面对成千上万已有的基于 HT-ML 语言设计的网站，直接采用 XML 还为时过早。因此，在 HTML4.0 的基础上，用 XML 的规则对其进行扩展，得到了 XHTML。所以，建立 XHTML 的目的，就是实现 HTML 向 XML 的过渡。国际上在网站设计中推崇的 WEB 标准，就是基于 XHTML 的应用（即通常所说的 CSS + DIV）。XHTML 是当前 HTML 版的继承者。HTML 语法要求比较松散，这样对网页编写者来说比较方便，但对于机器来说，语言的语法越松散，处理起来就越困难。对于传统的计算机来说，还有能力兼容松散语法，但对于许多其他设备，比如手机，难度就比较大。因此便产生了由 DTD 定义规则，语法要求更加严格的 XHTML。

大部分常见的浏览器都可以正确地解析 XHTML，即使老一点的浏览器，XHTML 作为 HTML 的一个子集，许多也可以解析。也就是说，几乎所有的网页浏览器在正确解析 HTML 的同时，可兼容 XHTML。当然，从 HTML 完全转移到 XHTML，还需要一个过程。

跟层叠式样式表（外语缩写：CSS）结合后，XHTML 能发挥真正的威力，这使实现样式跟内容分离的同时，又能有机地组合网页代码，在另外的单独文件中，还可以混合各种 XML 应用，比如 MathML、SVG。

3. HTML5 技术

HTML5 技术是万维网的核心语言、标准通用标记语言下的一个应用。超文本标记语言（HTML）的第五次重大修改，于 2014 年 9 月发布，并成为当今网页语言的主流与 WEBAPP 的基础语言。

在标准通用标记语言下的一个应用 HTML 标准，自 1999 年 12 月发布 HTML4.01 后，后继的 HTML5 和其他标准被束之高阁，为了推动 Web 标准化运动的发展，一些公司联合起来，成立了一个叫做 Web Hypertext Application Technology Working Group（Web 超文本应用技术工作组——WHATWG）的组织。WHATWG 致力于 Web 表单和应用程序，而 W3C（World Wide Web Consortium，万维网联盟）专注于 XHTML2.0。在 2006 年，双方决定进行合作，来创建一个新版本的 HTML。

HTML5 草案的前身名为 Web Applications 1.0，于 2004 年被 WHATWG 提出，于 2007 年被 W3C 接纳，并成立了新的 HTML 工作团队。

HTML 5 的第一份正式草案已于 2008 年 1 月 22 日公布。HTML5 仍处于完善之中。然而，大部分现代浏览器已经具备了某些 HTML5 支持。

2012 年 12 月 17 日，万维网联盟（W3C）正式宣布：凝结了大量网络工作者心血的 HTML5 规范已经正式定稿。根据 W3C 的发言稿称："HTML5 是开放的 Web 网络平台的奠基石。"

2013 年 5 月 6 日，HTML 5.1 正式草案公布。该规范定义了第五次重大版本，第一次要修订万维网的核心语言：超文本标记语言（HTML）。在这个版本中，新功能不断推出，以帮助 Web 应用程序的作者，努力提高新元素互操作性。

本次草案的发布，从 2012 年 12 月 27 日开始，进行了多达近百项的修改，包括 HTML 和 XHTML 的标签，相关的 API、Canvas 等，同时 HTML5 的图像 img 标签及 svg 也进行了改进，性能得到进一步提升。

支持 HTML5 的浏览器包括 Firefox（火狐浏览器），IE9 及其更高版本，Chrome（谷歌浏览器），Safari，Opera 等；国内的傲游浏览器（Maxthon），以及基于 IE 或 Chromium（Chrome 的工程版或称实验版）所推出的 360 浏览器、搜狗浏览器、QQ 浏览器、猎豹浏览器等国产浏览器同样具备支持 HTML5 的能力。

HTML5 手机应用的最大优势，就是可以在网页上直接调试和修改。原先应用的开发人员可能需要花费非常大的力气才能达到 HTML5 的效果，不断地重复编码、调试和运行，这是首先得解决的一个问题。因此也有许多手机杂志客户端是基于 HTML5 标准，开发人员可以轻松调试修改。

HTML5 有以下几种特性：

（1）语义特性

HTML5 赋予网页更好的意义和结构。更加丰富的标签将随着对 RDFa 的微数据与微格式等方面的支持，构建对程序、对用户都更有价值的数据驱动的 Web。

（2）本地存储特性

基于 HTML5 开发的网页 App 拥有更短的启动时间，更快的联网速度，这些全得益于 HTML5 App Cache，以及本地存储功能。Indexed DB（html5 本地存储最重要的技术之一）和 API 说明文档。

（3）设备兼容特性

从 Geolocation 功能的 API 文档公开以来，HTML5 为网页应用开发者们提供了更多功能上的优化选择，带来了更多体验功能的优势。HTML5 提供了前所未有的数据与应用接入开放接口，使外部应用可以直接与浏览器内部的数据直接相连，例如视频影音可直接与 microphones 及摄像头相联。

（4）连接特性

更有效的连接工作效率，使得基于页面的实时聊天，更快速的网页游戏体验，更优化的在线交流得到了实现。HTML5 拥有更有效的服务器推送技术，Server – Sent Event 和 WebSockets 就是其中的两个特性，这两个特性能够帮助我们实现服务器将数据"推送"到客户端的功能。

（5）网页多媒体特性

支持网页端的 Audio、Video 等多媒体功能，与网站自带的 APPS、摄像头、影音功能相得益彰。

（6）三维、图形及特效特性

基于 SVG、Canvas、WebGL 及 CSS3 的 3D 功能，用户会惊叹于在浏览器中所呈现的惊人视觉效果。

（7）性能与集成特性

没有用户会永远等待你的 Loading——HTML5 会通过 XMLHttpRequest2 等技术，解决以前的跨域等问题，帮助您的 Web 应用和网站在多样化的环境中更快速的工作。

4. CSS 技术

CSS 是层叠样式表（Cascading Style Sheets）的简称，是一种用来表现 HT-ML（标准通用标记语言的一个应用）或 XML（标准通用标记语言的一个子集）等文件样式的计算机语言。CSS 不仅可以静态地修饰网页，还可以配合各种脚本语言动态地对网页各元素进行格式化。

CSS 能够对网页中元素位置的排版进行像素级精确控制，支持几乎所有的字体字号样式，拥有对网页对象和模型样式编辑的能力。

CSS 为 HTML 标记语言提供了一种样式描述，定义了其中元素的显示方式。CSS 在 Web 设计领域是一个突破，利用它可以实现修改一个小的样式更新与之相关的所有页面元素。

目前 CSS 已经发展到 CSS3.0。CSS 语言具有以下特点：

（1）丰富的样式定义

CSS 提供了丰富的文档样式外观，以及设置文本和背景属性的能力；允许为任何元素创建边框，以及元素边框与其他元素间的距离，以及元素边框与元素内容间的距离；允许随意改变文本的大小写方式、修饰方式以及其他页面效果。

（2）易于使用和修改

CSS 可以将样式定义在 HTML 元素的 style 属性中，也可以将其定义在 HTML 文档的 header 部分，也可以将样式声明在一个专门的 CSS 文件中，以供 HTML 页面引用。总之，CSS 样式表可以将所有的样式声明统一存放，进行统一管理。

另外，可以将相同样式的元素进行归类，使用同一个样式进行定义，也可以将某个样式应用到所有同名的 HTML 标签中，也可以将一个 CSS 样式指定到某个页面元素中。如果要修改样式，我们只需要在样式列表中找到相应的样式声明进行修改。

（3）多页面应用

CSS 样式表可以单独存放在一个 CSS 文件中，这样我们就可以在多个页面中使用同一个 CSS 样式表。CSS 样式表理论上不属于任何页面文件，在任何页面文件中都可以将其引用。这样就可以实现多个页面风格的统一。

（4）层　叠

简单地说，层叠就是对一个元素多次设置同一个样式，这将使用最后一次设置的属性值。例如对一个站点中的多个页面使用了同一套 CSS 样式表，而某些页面中的某些元素想使用其他样式，就可以针对这些样式单独定义一个样式表应用到页面中。这些后来定义的样式将对前面的样式设置进行重写，在浏览器中看到的将是最后面设置的样式效果。

（5）页面压缩

在使用 HTML 定义页面效果的网站中，往往需要大量或重复的表格和 font 元素形成各种规格的文字样式，这样做的后果就是会产生大量的 HTML 标签，从而使页面文件的大小增加。而将样式的声明单独放到 CSS 样式表中，可以大大地减小页面的体积，这样在加载页面时使用的时间也会大大减少。另外，CSS 样式表的复用更大程序的缩减了页面的体积，减少下载的时间。

5. 数据库技术

数据库（Database）是按照数据结构来组织、存储和管理数据的仓库，它产生于距今六十多年前，随着信息技术和市场的发展，特别是 20 世纪 90 年代以后，数据管理不再仅仅是存储和管理数据，而转变成用户所需要的各种数据管理的方式。数据库有很多种类型，从最简单的存储有各种数据的表格，到能够进行海量数据存储的大型数据库系统，都在各个方面得到了广泛的应用。

在信息化社会，充分有效地管理和利用各类信息资源，是进行科学研究和决策管理的前提条件。数据库技术是管理信息系统、办公自动化系统、决策支持系统等各类信息系统的核心部分，是进行科学研究和决策管理的重要技术手段。

严格来说，数据库是长期储存在计算机内、有组织的、可共享的数据集合。数据库中的数据指的是以一定的数据模型组织、描述和储存在一起，具有尽可能小的冗余度、较高的数据独立性和易扩展性的特点并可在一定范围内为多个用户共享。

这种数据集合具有如下特点：尽可能不重复，以最优方式为某个特定组织的多种应用服务，其数据结构独立于使用它的应用程序，对数据的增、删、改、查由统一软件进行管理和控制。从发展的历史看，数据库是数据管理的高级阶段，它是由文件管理系统发展起来的。

1974 年，IBM 的 Ray Boyce 和 Don Chamberlin 将 Codd 关系数据库的 12 条准则的数学定义，以简单的关键字语法表现出来，里程碑式地提出了 SQL 语言。SQL 语言的功能包括查询、操纵、定义和控制，是一个综合的、通用的关系数据库语言，同时又是一种高度非过程化的语言，只要求用户指出做什么而不需要指出怎么做。SQL 集成实现了数据库生命周期中的全部操作。SQL 提供了与关系数据库进行交互的方法，它可以与标准的编程语言一起工作。自产生之日起，SQL 语言便成了检验关系数据库的试金石，而 SQL 语言标准的每一次变更都指导着关系数据库产品的发展方向。然而，直到 20 世纪 70 年代中期，关系理论才通过 SQL，在商业数据库 Oracle 和 DB2 中使用。

1986 年，ANSI 把 SQL 作为关系数据库语言的美国标准，同年公布了标准 SQL 文本。SQL 标准有 3 个版本。基本 SQL 定义是 ANSI X3135 - 89 ［ANS89］，一般叫做 SQL - 89。SQL - 89 定义了模式定义、数据操作和事务处理。SQL - 89 和随后的 ANSI X3168 - 1989，"Database Language - Embedded SQL" 构成了第一代 SQL 标准。ANSI X3135 - 1992 ［ANS92］描述了一种增强功能的 SQL，叫做 SQL - 92 标准。SQL - 92 包括模式操作，动态创建和 SQL 语句动态执行、网络环境支持等增强特性。在完成 SQL - 92 标准后，ANSI 和 ISO 即开始合作开发 SQL3 标准。SQL3 的主要特点在于抽象数据类型的支持，为新一代对象关系数据库提供了标准。

1976 年 IBM E. F. Codd 发表了一篇里程碑式的论文 "R 系统：数据库关系理论"，介绍了关系数据库理论和查询语言 SQL。Oracle 的创始人 Ellison 非常仔细地阅读了这篇文章，被其内容所震惊，这是第一次有人用全面一致的方案管理数据信息。作者 E. F. Codd 1966 年就发表了关系数据库理论，并在 IBM 研究机构开发原型，这个项目就是 R 系统，存取数据表的语言就是 SQL。Ellison 看完后，敏锐意识到在这个研究基础上可以开发商用软件系统。而当时大多数人认为关系数据库不会有商业价值。Ellison 认为这是他们的机会：他们决定开发通用商用数据库系统 Oracle，这个名字来源于他们曾给中央情报局做过的项目名。几个月后，他们就开发了 Oracle 1.0。但这只不过是个玩具，除了完成简单关系的查询，不能做任何事情，他们花相当长的时间才使 Oracle 变得可用，维持公司运转主要靠承接一些数据库管理项目和做顾问咨询工作。而 IBM 却没有计划开发，为什么蓝色巨人放弃了这个价值上百亿美元的产品，原因有很多：IBM 的研究人员大多是学术出身，他们最感兴趣的是理论，而非推向市场的产品，从学术上看，研究成果应公开发表论文和演讲能使他们成名，为什么不呢？还有一个很主要的原因就是 IBM 当时有一个销售得还不错的层次数据库产品 IMS。直到 1985 年，IBM 才发布了关系数据库 DB2，Ellision 那时已经成了千万富翁。Ellison 曾将 IBM 选择 Microsoft 的 MS－DOS 作为 IBM－PC 机的操作系统比为："世界企业经营历史上最严重的错误，价值超过了上千亿美元。"IBM 发表 R 系统论文，而且没有很快推出关系数据库产品的错误可能仅仅次之。Oracle 的市值在 1996 年就达到了 280 亿美元。

关系型数据库系统以关系代数为坚实的理论基础，经过几十年的发展和实际应用，技术越来越成熟和完善。其代表产品有 Oracle、IBM 公司的 DB2、微软公司的 MS SQL Server 以及 Informix、ADABAS D 等等。

6. PHP 技术

PHP（Hypertext Preprocessor，超文本预处理器）是一种通用开源脚本语言。语法吸收了 C 语言、Java 和 Perl 的特点，利于学习，使用广泛，主要适用于 Web 开发领域。PHP 独特的语法混合了 C、Java、Perl 以及 PHP 自创的语法。它可以比 CGI 或者 Perl 更快速地执行动态网页。用 PHP 做出的动态页面与其他的编程语言相比，PHP 是将程序嵌入到 HTML（标准通用标记语言下的一个应用）文档中去执行，执行效率比完全生成 HTML 标记的 CGI 要高许多；PHP 还可以执行编译后代码，编译可以达到加密和优化代码运行，使代码运行更快。

PHP 主要有以下特性：

（1）开放源代码

所有的 PHP 源代码事实上都可以得到。

（2）免费性

和其他技术相比，PHP 本身免费且是开源代码。

（3）快捷性

程序开发快，运行快，技术本身学习快。嵌入于 HTML：因为 PHP 可以被嵌入于 HTML 语言，它相对于其他语言，编辑简单，实用性强，更适合初学者。

（4）跨平台性强

由于 PHP 是运行在服务器端的脚本，可以运行在 UNIX、LINUX、WIN-DOWS、Mac OS、Android 等平台

（5）效率高

PHP 消耗相当少的系统资源。

（6）图像处理

用 PHP 动态创建图像，PHP 图像处理默认使用 GD2，且也可以配置为使用 imagemagick 进行图像处理。

（7）面向对象

在 php4，php5 中，面向对象方面都有了很大的改进，php 完全可以用来开发大型商业程序。

7. App 框架技术

框架（Framework）是整个或部分系统的可重用设计，表现为一组抽象构件及构件实例间交互的方法；另一种定义认为，框架是可被应用开发者定制的应用骨架。前者是从应用方面，而后者是从目的方面给出的定义。

可以说，一个框架是一个可复用的设计构件，它规定了应用的体系结构，阐明了整个设计、协作构件之间的依赖关系、责任分配和控制流程，表现为一组抽象类以及其实例之间协作的方法，它为构件复用提供了上下文（Context）关系。因此构件库的大规模重用也需要框架。

构件领域框架方法在很大程度上借鉴了硬件技术发展的成就，它是构件技术、软件体系结构研究和应用软件开发三者发展结合的产物。在很多情况下，框架通常以构件库的形式出现，但构件库只是框架的一个重要部分。框架的关键还在于框架内对象间的交互模式和控制流模式。

框架比构件可定制性强。在某种程度上，将构件和框架看成两个不同但彼此协作的技术或许更好。框架为构件提供重用的环境，为构件处理错误、交换数据及激活操作提供了标准的方法。

框架一般是成熟、稳健的，他可以处理系统很多细节问题，比如事物处理、安全性、数据流控制等问题。还有，框架一般都经过很多人使用，所以结构很好，所以扩展性也很好，而且它是不断升级的，你可以直接享受升级代码带来的好处。

目前 App 的技术框架基本分为三种：

（1）Native App

一种基于智能移动设备本地操作系统（如 iOS、Android、WP 操作系统），并使用对应系统所适用的程序语言编写运行的第三方应用程序，由于它是直接与操作系统对接，代码和界面都是针对所运行的平台开发和设计的，能很好地发挥出设备的性能，所以交互体验会更流畅。

（2）Web App

一种采用 Html 语言编写的，存在于智能移动设备浏览器中的应用程序，不需要下载安装，可以说是触屏版的网页应用，由于它不依赖于操作系统，因此开发了一款 Web App 后，基本能应用于各种系统平台。

（3）Hybrid App

一种用 Native 技术来搭建 App 的外壳，壳里的内容由 Web 技术来提供的移动应用，兼具"Native App 良好交互体验的优势"和"Web App 跨平台开发的优势"。

		Native	Web	Hybrid
产品特点	适用对象	偏操作互动多的工具类应用	偏浏览内容为主的新闻、视频类应用	偏既要浏览内容，又有较多操作互动的聊天类、购物类应用
框架特点	开发成本	要为iOS、Android和WP系统各自开发一套App	只需开发一套App，即可运用到不同系统平台	Native部分:需要为iOS、Android和WP系统开发 Web部分:只要开发一个
	维护成本	不仅要维护多个的系统版本，还要维护多个历史版本（如有的用户在用3.0版本，有的用户在用2.0版本等）	只要维护最新的版本	Native部分:要维护多个的系统版本和历史版本 Web部分:只要维护最新的版本
	版本发布	需要安装最新App	不需要安装最新App	Native部分:需要安装最新的App Web部分:不需要安装最新的App
	资源存储	本地	服务器	本地和服务器
	网络要求	支持离线	依赖网络	大部分依赖网络
项目时间	开发时间	耗时最长	耗时最少	耗时中等
	人员配比	需要iOS、Android和WP各自系统的开发	会写网页语言的开发	大部分工作由写网页语言的开发承担，再加上不同系统的开发

图 1.1.2　框架的特点（摘自 woshipm. com）

1.2　移动媒体技术的 Web2. 0 时代

随时随地
发现新鲜事！

Web2. 0 时代是以互联网为渠道，信息传递进入人—人传播的时代，在 Web2. 0 时代，用户可以创造内容，分享内容，消费内容，进行从私密到公开的沟通；网站可以根据用户在使用中的反馈对平台进行更新，所有供应商通过提供跨平台 App，使得人们可以不再被固定在电脑前来完成对内容的阅读。

图 1.2.1　新浪微博是

Web2. 0 时代移动媒体的翘楚

在移动媒体的 Web2.0 时代，UGC 与用户体验、数据的改进成为了移动媒体的主流。在此发展过程中，主要技术以交互性、大规模数据处理与数据收集方面的更新为主。

1. RSS/Atom 技术

简易信息聚合（也叫聚合内容）是一种 RSS 基于 XML 标准，在互联网上被广泛采用的内容包装和投递协议。RSS（Really Simple Syndication）是一种描述和同步网站内容的格式，是使用最广泛的 XML 应用。RSS 搭建了信息迅速传播的一个技术平台，使得每个人都成为潜在的信息提供者。发布一个 RSS 文件后，这个 RSS Feed 中包含的信息就能直接被其他站点调用，而且由于这些数据都是标准的 XML 格式，所以也能在其他的终端和服务中使用，是一种描述和同步网站内容的格式。

RSS 目前广泛用于网上新闻频道、blog 和 wiki，主要的版本有 0.91，1.0，2.0。使用 RSS 订阅能更快地获取信息，网站提供 RSS 输出，有利于让用户获取网站内容的最新更新。网络用户可以在客户端借助于支持 RSS 的聚合工具软件，在不打开网站内容页面的情况下阅读支持 RSS 输出的网站内容。

就本质而言，RSS 和 Atom 是一种信息聚合的技术，都是为了提供一种更为方便、高效的互联网信息的发布和共享，用更少的时间分享更多的信息。同时 RSS 和 Atom 又是实现信息聚合的两种不同规范。1997 年 Netscape（网景）公司开发了 RSS，"推"技术的概念随之诞生。由于 Blog 技术的迅速普及和 Useland、Yahoo 等大牌公司的支持，2003 年，RSS 曾被吹捧成可以免除垃圾邮件干扰的替代产品，一时形成了新技术的某种垄断。这时 Google 为了打破这种垄断，支持了 IBM 软件工程师 SamRuby2003 年研发的 Atom 技术，由于 Google 的加入，Atom 迅速蹿红。Useland 公司的戴夫·温那（Dave Winner）也迅速将 RSS 升级到 2.0 版本，形成了两大阵营的对峙。但为了方便用户使用和市场实际的双重压力，两种标准有统一的可能，温那在 2010 年 3 月表示 RSS 将与 Atom 合并。多数版本的阅读器都可以同时支持这两种标准。

RSS/Atom 源是基于 XML 的语义网内容，能够被客户端解析程序用作数据源。微格式是嵌入到网页中的语意网微内容。Web 源包括 RSS/Atom 源和微格式源。RSS/Atom 的标准化带来了众多软件和网站的广泛应用。扩展的 RSS/Atom 可用于专业领域。聚合供源与聚合消费器之间，采用"服务器/客户机"模式和标准的 HTTP 通讯。网站可以根据现有网页或者网站数据库生成 RSS/Atom 源，也可以考虑将多个外部 RSS/Atom 源聚合成新的 RSS/Atom 源。列表 RSS/Atom 源同时支持对客户端缓存的更新与删除操作。面向浏览器用户通报网站发布的 RSS/Atom 源，首选自动发现方式。微软提出的 SSE 协议，用于松散协作的两个网站之间交叉订阅对方的 RSS/Atom 源，服务于新条目和更新条目的双向、延时同步。

RSS 模块的主要目标是延伸基本的 XML（标准通用标记语言的子集）概要来获得更健全的内容汇集。此种传承允许更多的变化却又能够符合标准，在不用更改 RSS 核心之下运行。为了达成此项延伸，严密规范的字汇（在 RSS 中为"模块"；XML 中为"概要"）通过 XML NAMESSPACE 命名各种概念之中的概念。

其特点有：

①来源多样的个性化"聚合"特性。

②信息发布的时效、低成本特性。

③无"垃圾"信息、便利的本地内容管理特性。

2. Wiki 系统

Wiki 一词来源于夏威夷语的"wee kee wee kee"，发音 wiki，原本是"快点快点"的意思，被译为"维基"或"维客"，一种多人协作的写作工具。Wiki 站点可以有多人（甚至任何访问者）维护，每个人都可以发表自己的意见，或者对共同的主题进行扩展或者探讨。Wiki 也指一种超文本系统，这种超文本系统支持面向社群的协作式写作，同时也包括一组支持这种写作。

Wiki 系统属于一种人类知识网格系统，可以在 Web 的基础上对 Wiki 文本进行浏览、创建、更改，而且创建、更改、发布的代价远比 HTML 文本小。同时 Wiki 系统还支持面向社群的协作式写作，为协作式写作提供必要帮助。最后，Wiki 的写作者自然构成了一个社群，Wiki 系统为这个社群提供简单的交流工具。与其他超文本系统相比，Wiki 有使用方便及开放的特点，所以 Wiki 系统可以在一个社群内共享某领域的知识。

由于 Wiki 可以调动最广大的网民的群体智慧参与网络创造和互动，它是

Web2.0 的一种典型应用，是知识社会条件下创新 2.0 的一种典型形式。它也为教师和学生的知识共享提供了高效的平台，实现了快速广泛的信息整合。

3. IM（即时通讯）开发技术

即时通讯开发就是通过开发一套跨平台的即时通讯解决方案，基于先进的 H.264 视频编码标准、AAC 音频编码标准与 P2P 技术，整合音视频编码、多媒体通讯开发技术而设计的高质量、宽适应性、分布式、模块化的网络音视频互动平台，来满足人们的即时通讯需求。

即时通讯开发涉及到的技术领域十分广泛，主要涉及以下几个领域。

（1）音频技术

AAC 于 1997 年形成国际标准 ISO 13818 - 7。先进音频编码 AAC 开发成功，成为继 MPEG - 2 音频标准（ISO/IEC13818 - 3）之后的新一代音频压缩标准。

特性：AAC 可以支持 1 到 48 路之间任意数目的音频声道组合、包括 15 路低频效果声道、配音/多语音声道，以及 15 路数据。它可同时传送 16 套节目，每套节目的音频及数据结构可任意规定。

AAC 主要可能的应用范围集中在因特网网络传播、数字音频广播，包括卫星直播和数字 AM、以及数字电视及影院系统等方面。AAC 使用了一种非常灵活的熵编码核心去传输编码频谱数据，具有 48 个主要音频通道，16 个低频增强通道，16 个集成数据流，16 个配音，16 种编排。因此，AAC 无疑是最好的即时通讯音频编码标准之一。

（2）视频技术

目前最先进的视频技术非 H.264 莫属，H.264 最大的优势是具有很高的数据压缩比率，在同等图像质量的条件下，H.264 的压缩比是 MPEG - 2 的 2 倍以上，是 MPEG - 4 的 1.5—2 倍。H.264 具有许多与旧标准不同的新功能，它们一起实现了编码效率的提高。特别是在帧内预测与编码、帧间预测与编码、可变矢量块大小、四分之一像素运动估计、多参考帧预测、自适应环路去块滤波器、整数变换、量化与变换系数扫描、熵编码、加权预测等实现上都有其独特的考虑。

（3）网络技术

即时通讯讲究的是点对点，或者一对多的通讯。因此，P2P（点对点技术）作为一种网络新技术进入即时通讯开发人员的视野。针对可不经过服务器中转的音视频应用，采用了 P2P 通信技术，该技术的核心在于防火墙的穿越。使用 P2P 通信技术，可以大大地减轻系统服务器的负荷，并呈几何倍数的扩大系统的容量，且并不会因为在线用户数太多而导致服务器的网络阻塞。支持 UPNP 协议，自动搜索网络中的 UPNP 设备，主动打开端口映射，提高 P2P 通信效率。

（4）API 接口技术

即时通讯开发必须采用动态缓冲技术来适应不同网络环境（局域网、企业专网、互联网、3G 网络），根据不同的网络状态动态调节相关参数，使得即时通讯平台在多种网络环境下均有良好的表现，并特别针对互联网、3G 网络等应用场合进行优化，为上层应用提供视频质量的动态调节接口、音频质量的动态调节接口。

（5）保密技术

开发即时通讯平台时，不得不考虑到的问题就是保密问题了。比较通用的保密技术有：

①自定义服务器端口。服务器所使用的 TCP、UDP 服务端口均可自定义（在服务器的 .ini 文件中配置），实现服务的隐藏；

②加密传输服务器与客户端之间的底层通信协议；

③服务器设置连接认证密码；

④服务器内部设置安全检测机制，一旦检测到当前连接的客户端有非法操作嫌疑（如内部通信协议没有按既定的步骤进行）时，主动断开该客户端的连接，并记录该连接的 IP 地址，在一段时间内不允许重新连接。

4. Ajax（异步）技术

AJAX 即 "Asynchronous Javascript And XML"（异步 JavaScript 和 XML），是指一种创建交互式网页应用的网页开发技术。

AJAX = 异步 JavaScript 和 XML（标准通用标记语言的子集）。

AJAX 是一种用于创建快速动态网页的技术。

通过在后台与服务器进行少量数据交换，AJAX 可以使网页实现异步更新。这意味着可以在不重新加载整个网页的情况下，对网页的某部分进行更新。

传统的网页（不使用 AJAX）如果需要更新内容，必须重载整个网页页面。

AJAX 不是一种新的编程语言，而是一种用于创建更好更快以及交互性更强的 Web 应用程序的技术。使用 Javascript 向服务器提出请求并处理响应而不阻塞用户。核心对象（中文解释为：可扩展超文本传输请求）简写：XHR（即 Xml Http Request）。通过这个对象，您的 JavaScript 可在不重载页面的情况与 Web 服务器交换数据，即在不需要刷新页面的情况下，就可以产生局部刷新的效果。AJAX 在浏览器与 Web 服务器之间使用异步数据传输（HTTP 请求），这样就可使网页从服务器请求少量的信息，而不是整个页面。AJAX 可使因特网应用程序更小、更快，更友好。

5. 并发处理技术

当有多个线程在操作时，如果系统只有一个 CPU，则它根本不可能真正同时进行一个以上的线程，它只能把 CPU 运行时间划分成若干个时间段，再将时间段分配给各个线程执行，在一个时间段的线程代码运行时，其他线程处于挂起状。这种方式称之为并发（Concurrent）。

（1）HTML 静态化

HTML 静态化是某些缓存策略使用的手段，对于系统中频繁使用数据库查询但是内容更新很小的应用，可以考虑使用 HTML 静态化来实现，比如论坛中论坛的公用设置信息，这些信息目前的主流论坛都可以进行后台管理并且存储在数据库中，这些信息其实大量被前台程序调用，但是更新频率很小，可以考虑将这部分内容进行后台更新的时候进行静态化，这样就避免了大量的数据库访问请求。

（2）图片服务器分离

对于 Web 服务器来说，不管是 Apache、IIS 还是其他容器，图片是最消耗资源的，有必要将图片与页面进行分离，这是基本上大型网站都会采用的策略，他们有独立的图片服务器，甚至很多台图片服务器。这样的架构可以降低提供页面访问请求的服务器系统压力，并且可以保证系统不会因为图片问题而崩溃，在应用服务器和图片服务器上，可以进行不同的配置优化，比如 apache

在配置 ContentType 的时候可以尽量少支持，尽可能少的 LoadModule，保证更高的系统消耗和执行效率。这一实现起来是比较容易的，如果是服务器集群，则操作起来较方便。如果是独立的服务器，新手可能出现只能在本地服务器上传图片的情况，可以在另一台服务器设置的 IIS 采用网络路径来实现图片服务器，即不用改变程序，又能提高性能，但对于服务器本身的 IO 处理性能是没有任何的改变。

（3）数据库集群和库表散列

大型网站都有复杂的应用，这些应用必须使用数据库，那么在面对大量访问的时候，数据库的瓶颈很快就显现出来了。这时一台数据库将很快无法满足应用，于是需要使用数据库集群或者库表散列。

在数据库集群方面，很多数据库都有自己的解决方案，如 Oracle、Sybase 等，都有很好的方案，常用的 MySQL 提供的 Master/Slave 也是类似的方案。

上面提到的数据库集群，由于在架构、成本、扩张性方面都会受到所采用 DB 类型的限制，于是我们需要从应用程序的角度来考虑改善系统架构，库表散列是常用并且最有效的解决方案。应用程序中安装业务和应用或者功能模块将数据库进行分离，不同的模块对应不同的数据库或者表，再按照一定的策略对某个页面或者功能进行更小的数据库散列，比如用户表，按照用户 ID 进行表散列，这样就能够低成本地提升系统的性能，并且有很好的扩展性。将论坛的用户、设置、帖子等信息进行数据库分离，然后对帖子、用户按照板块和 ID 进行散列数据库和表，最终在配置文件中进行简单的配置，便能让系统随时增加一台低成本的数据库进来补充系统性能。

（4）缓　存

缓存一词，搞技术的都接触过，很多地方用到缓存。网站架构和网站开发中的缓存也是非常重要。这里先讲述最基本的两种缓存。高级和分布式的缓存将在后面讲述。

架构方面的缓存，对 Apache 比较熟悉的人都知道，Apache 提供了自己的缓存模块，也可以使用外加的 Squid 模块进行缓存，这两种方式均可以有效地提高 Apache 的访问响应能力。

网站程序开发方面的缓存，Linux 上提供的 Memory Cache 是常用的缓存接口，可以在 web 开发中使用，比如用 Java 开发的时候，就可以调用 Memo-ryCache 对一些数据进行缓存和通讯共享，一些大型社区使用了这样的架构。另外，在使用 web 语言开发的时候，各种语言基本都有自己的缓存模块和方法，PHP 有 Pear 的 Cache 模块，Java 就更多了，net 不是很熟悉，相信也肯定有。

(5) CDN 技术

CDN 的全称是 Content Delivery Network，即内容分发网络。其基本思路是尽可能避开互联网上有可能影响数据传输速度和稳定性的瓶颈和环节，使内容传输得更快、更稳定。通过在网络各处放置节点服务器所构成的在现有的互联网基础之上的一层智能虚拟网络，CDN 系统能够实时地根据网络流量和各节点的连接、负载状况以及到用户的距离和响应时间等综合信息，将用户的请求重新导向离用户最近的服务节点上。其目的是使用户可就近取得所需内容，解决 Internet 网络拥挤的状况，提高用户访问网站的响应速度。

(6) 负载均衡技术

负载均衡，英文名称为 Load Balance，其意思就是分摊到多个操作单元上进行执行，例如 Web 服务器、FTP 服务器、企业关键应用服务器和其他关键任务服务器等，从而共同完成工作任务。

其优点在于：

第一，网络负载均衡能将传入的请求传播到多达 32 台服务器上，即可以使用最多 32 台服务器共同分担对外的网络请求服务。网络负载均衡技术保证即使是在负载很重的情况下，服务器也能做出快速响应。

第二，网络负载均衡对外只需提供一个 IP 地址（或域名）。

第三，当网络负载均衡中的一台或几台服务器不可用时，服务不会中断。网络负载均衡自动检测到服务器不可用时，能够迅速在剩余的服务器中重新指派客户机通讯。这项保护措施能够帮助你为关键的业务程序提供不中断的服务，并可以根据网络访问量的增加来相应地增加网络负载均衡服务器的数量。

第四，网络负载均衡可在普通的计算机上实现。

6. 空间定位技术

空间定位作为一种全新的现代定位方法，自 20 世纪 90 年代以来，GPS 卫星定位和导航技术与现代通信技术相结合，在空间定位技术方面引起了革命性的变化。

GPS 全球卫星定位导航系统（Global Positioning System – GPS）是美国从上世纪 70 年代开始研制，历时 20 年，耗资 200 亿美元，于 1994 年全面建成，具有在海、陆、空进行全方位实时三维导航与定位能力的新一代卫星导航与定位系统。经过近 10 年来我国测绘等部门的使用表明，GPS 以全天候、高精度、自动化、高效益等显著特点，赢得广大测绘工作者的信赖，并成功地应用于大地测量、工程测量、航空摄影测量、运载工具导航和管制、地壳运动监测、工程变形监测、资源勘察、地球动力学等多种学科，从而给测绘领域带来了一场深刻的技术革命。

随着全球定位系统的不断改进，硬、软件的不断完善，应用领域正在不断地开拓，目前已遍及国民经济各种部门，并开始逐步深入人们的日常生活。

全球定位系统的特点主要有：

第一，全球，全天候工作。能为用户提供连续、实时的三维位置、三维速度和精密时间，并且不受天气的影响。

第二，定位精度高。单机定位精度小于 10 米，采用差分定位，精度可达厘米级和毫米级。

第三，功能多，应用广。随着人们对 GPS 认识的加深，GPS 不仅在测量、导航、测速、测时等方面得到更广泛的应用，而且其应用领域不断扩大。

7. 云计算技术

云计算（Cloud Computing）是基于互联网的相关服务的增加、使用和交付模式，通常涉及通过互联网来提供动态易扩展且经常是虚拟化的资源。云是网络、互联网的一种比喻说法。过去在图中往往用云来表示电信网，后来也用来表示互联网和底层基础设施。因此，云计算甚至可以让你体验每秒 10 万亿次的运算能力，拥有这么强大的计算能力，可以模拟核爆炸、预测气候变化和市场发展趋势。用户可通过电脑、笔记本、手机等方式接入数据中心，并按照自己的需求进行运算。

被普遍接受的云计算特点如下。

(1) 超大规模

"云"具有相当的规模，Google 云计算已经拥有 100 多万台服务器，Amazon、IBM、微软、Yahoo 等的"云"均拥有几十万台服务器。企业私有云一般拥有数百上千台服务器。"云"能赋予用户前所未有的计算能力。

(2) 虚拟化

云计算支持用户在任意位置，使用各种终端获取应用服务，所请求的资源来自"云"，而不是固定的有形的实体。应用在"云"中某处运行，但实际上用户无需了解，也不用担心应用运行的具体位置。只需要一台笔记本或者一个手机，就可以通过网络服务来实现我们需要的一切，甚至包括超级计算这样的任务。

(3) 高可靠性

"云"使用了数据多副本容错、计算节点同构可互换等措施来保障服务的高可靠性，使用云计算比使用本地计算机可靠。

(4) 通用性

云计算不针对特定的应用，在"云"的支撑下可以构造出千变万化的应用，同一个"云"可以同时支撑不同的应用运行。

(5) 高可扩展性

"云"的规模可以动态伸缩，满足应用和用户规模增长的需要。

(6) 按需服务

"云"是一个庞大的资源池，你按需购买；云可以像自来水、电、煤气那样计费。

(7) 极其廉价

由于"云"的特殊容错措施可以采用极其廉价的节点来构成云，"云"的自动化集中式管理使大量企业无需负担日益高昂的数据中心管理成本，"云"的通用性使资源的利用率较之传统系统大幅提升，因此用户可以充分享受"云"的低成本优势，经常只要花费几百美元、几天时间，就能完成以前需要数万美元、数月时间才能完成的任务。

云计算可以彻底改变人们未来的生活，但同时也要重视环境问题，这样才能真正为人类进步做贡献，而不是简单的技术提升。

（8）潜在的危险性

云计算服务除了提供计算服务外，还必然提供了存储服务。但是云计算服务当前垄断在私人机构（企业）手中，而他们仅仅能够提供商业信用。对于政府机构、商业机构（特别像银行这样持有敏感数据的商业机构）对于选择云计算服务应保持足够的警惕。一旦商业用户大规模使用私人机构提供的云计算服务，无论其技术优势有多强，都不可避免地让这些私人机构以"数据（信息）"的重要性挟制整个社会。对于信息社会而言，"信息"是至关重要的。另一方面，云计算中的数据对于数据所有者以外的其他用户云计算用户是保密的，但是对于提供云计算的商业机构而言确实毫无秘密可言。所有这些潜在的危险，是商业机构和政府机构选择云计算服务，特别是国外机构提供的云计算服务时，不得不考虑的一个重要的前提。

8. 大数据技术

对于"大数据"（Big data），研究机构 Gartner 给出了这样的定义："大数据"是需要新处理模式才能具有更强的决策力、洞察发现力和流程优化能力，来适应海量、高增长率和多样化的信息资产。

麦肯锡全球研究所给出的定义是：一种规模大到在获取、存储、管理、分析方面大大超出了传统数据库软件工具能力范围的数据集合，具有海量的数据规模、快速的数据流转、多样的数据类型和价值密度低四大特征。

大数据技术的战略意义不在于掌握庞大的数据信息，而在于对这些含有意义的数据进行专业化处理。换而言之，如果把大数据比作一种产业，那么这种产业实现盈利的关键，在于提高对数据的"加工能力"，通过"加工"实现数据的"增值"。

从技术上看，大数据与云计算的关系就像一枚硬币的正反面一样密不可分。大数据必然无法用单台的计算机进行处理，必须采用分布式架构。它的特色在于对海量数据进行分布式数据挖掘，但它必须依托云计算的分布式处理、分布式数据库和云存储、虚拟化技术。

随着云时代的来临，大数据也吸引了越来越多的关注。分析师团队认为，大数据通常用来形容一个公司创造的大量非结构化数据和半结构化数据，这些数据在下载到关系型数据库用于分析时，会花费过多时间和金钱。大数据分析常和云计算联系到一起，因为实时的大型数据集分析，需要像 MapReduce 一样的框架来向数十、数百甚至数千的电脑分配工作。

大数据需要特殊的技术，以有效地处理大量的容忍经过时间内的数据。适用于大数据的技术，包括大规模并行处理（MPP）数据库、数据挖掘、分布式文件系统、分布式数据库、云计算平台、互联网和可扩展的存储系统。

大数据技术主要包括以下技术细节。

（1）预测分析

预测分析是一种统计或数据挖掘解决方案，包含可在结构化和非结构化数据中使用以确定未来结果的算法和技术，可为预测、优化、预报和模拟等许多其他用途而部署。随着当前硬件和软件解决方案的成熟，许多公司利用大数据技术来收集海量数据、训练模型、优化模型，并发布预测模型来提高业务水平或者避免风险。当前最流行的预测分析工具，当属 IBM 公司的 SPSS，它集数据录入、整理、分析功能于一身，用户可以根据实际需要和计算机的功能选择模块，SPSS 的分析结果清晰、直观、易学易用，而且可以直接读取 EXCEL 及 DBF 数据文件。现已推广到多种各种操作系统的计算机上。

（2）NoSQL 数据库

非关系型数据库包括 Key - value 型（Redis）数据库、文档型（Monogo-DB）数据库、图型（Neo4j）数据库。虽然 NoSQL 流行语火起来才短短一年的时间，但是不可否认，现在已经开始了第二代运动。尽管早期的堆栈代码只能算是一种实验，然而现在的系统已经更加的成熟、稳定。

（3）流式分析

目前，流式计算是业界研究的一个热点，最近 Twitter、LinkedIn 等公司相继开源了流式计算系统 Storm、Kafka 等，加上 Yahoo 之前开源的 S4，流式计算研究在互联网领域持续升温，流式分析可以对多个高吞吐量的数据源进行实时的清洗、聚合和分析；对存在于社交网站、博客、电子邮件、视频、新闻、电话记录、传输数据、电子感应器之中的数字格式的信息流进行快速处理并反馈的需求。目前大数据流分析平台有很多，如开源的 spark，以及 IBM 的 streams。

（4）内存数据结构

通过动态随机内存访问（DRAM）、Flash 和 SSD 等分布式存储系统，提供海量数据的低延时访问和处理。

（5）分布式存储系统

分布式存储是指存储节点大于一个、数据保存多副本以及高性能的计算网络；利用多台存储服务器分担存储负荷，利用位置服务器定位存储信息，它不但提高了系统的可靠性、可用性和存取效率，还易于扩展。

（6）数据可视化

数据可视化，是关于数据视觉表现形式的科学技术研究。其中，这种数据的视觉表现形式被定义为：一种以某种概要形式抽提出来的信息，包括相应信息单位的各种属性和变量。

它是一个处于不断演变之中的概念，其边界在不断地扩大，主要指的是技术上较为高级的技术方法，而这些技术方法允许利用图形、图像处理、计算机视觉以及用户界面，通过表达、建模以及对立体、表面、属性以及动画的显示，对数据加以可视化解释。与立体建模之类的特殊技术方法相比，数据可视化所涵盖的技术方法要广泛得多。

（7）ETL 技术

ETL，是英文 Extract – Transform – Load 的缩写，用来描述将数据从来源端经过抽取（extract）、转换（transform）、加载（load）至目的端的过程。ETL 一词较常用在数据仓库，但其对象并不限于数据仓库。

ETL 是构建数据仓库的重要一环，用户从数据源抽取出所需的数据，经过数据清洗，最终按照预先定义好的数据仓库模型，将数据加载到数据仓库中去。

1.3　移动媒体技术的 Web 3.0 时代

Web 3.0 时代，指在 Web 2.0 时代的基础上，通过人工智能、语义网络的构建，真正地实现网络与人的沟通的时代。Web 3.0 时代的网络通过对数据精确的分析，得出用户想得到什么、需要什么，以及用户的行为习惯，进行资源筛选与匹配，真正地做到精确推送给用户答案，使网络真正成为人的感官的延伸、人的组成部分之一。

图 1.3.1 **物联网是未来移动媒体的发展方向**（图摘自 sohu. com）

移动媒体的 Web 3.0 时代也是移动媒体正在转型的未来时代，主要技术革新是物联网与人工智能，智能硬件的革新。

1. 物联网

物联网是新一代信息技术的重要组成部分，也是"信息化"时代的重要发展阶段。其英文名称是："Internet of things（IoT）"。顾名思义，物联网就是物物相连的互联网。这有两层意思：其一，物联网的核心和基础仍然是互联网，是在互联网基础上的延伸和扩展的网络；其二，其用户端延伸和扩展到了任何物品与物品之间，进行信息交换和通信，也就是物物相息。物联网通过智能感知、识别技术与普适计算等通信感知技术，广泛应用于网络的融合中，也因此被称为继计算机、互联网之后世界信息产业发展的第三次浪潮。物联网是互联网的应用拓展，与其说物联网是网络，不如说物联网是业务和应用。因此，应用创新是物联网发展的核心，以用户体验为核心的创新 2.0 是物联网发展的灵魂。

国际电信联盟（ITU）发布的 ITU 互联网报告，对物联网作了如下定义：通过二维码识读设备、射频识别（RFID）装置、红外感应器、全球定位系统和激光扫描器等信息传感设备，按约定的协议，把任何物品与互联网相连接，进行信息交换和通信，以实现智能化识别、定位、跟踪、监控和管理的一种网络。

根据国际电信联盟（ITU）的定义，物联网主要解决物品与物品（Thing to

Thing，T2T）、人与物品（Human to Thing，H2T）、人与人（Human to Human，H2H）之间的互连。但是与传统互联网不同的是，H2T 是指人利用通用装置与物品之间的连接，从而使得物品连接更加的简化，而 H2H 是指人之间不依赖于 PC 而进行的互连。因为互联网并没有考虑到对于任何物品连接的问题，所以我们使用物联网来解决这个传统意义上的问题。物联网顾名思义就是连接物品的网络，许多学者讨论物联网中，经常会引入一个 M2M 的概念，可以解释成为人到人（Man to man）、人到机器（Man to machine）、机器到机器。从本质上而言，在人与机器、机器与机器的交互，大部分是为了实现人与人之间的信息交互。

物联网是指通过各种信息传感设备，实时采集任何需要监控、连接、互动的物体或过程等各种需要的信息，与互联网结合形成的一个巨大网络。其目的是实现物与物、物与人，所有的物品与网络的连接，方便识别、管理和控制。其在 2011 年的产业规模超过 2600 亿元人民币。构成物联网产业五个层级的支撑层、感知层、传输层、平台层，以及应用层分别占物联网产业规模的 2.7%、22.0%、33.1%、37.5% 和 4.7%。而物联网感知层、传输层参与厂商众多，成为产业中竞争最为激烈的领域。

物联网关键技术细节有以下几种。

（1）传感器技术

这也是计算机应用中的关键技术。到目前为止，绝大部分计算机处理的都是数字信号。自从有计算机以来，就需要传感器把模拟信号转换成数字信号计算机才能处理。

（2）RFID 标签

也是一种传感器技术，RFID 技术是融合了无线射频技术和嵌入式技术为一体的综合技术，RFID 在自动识别、物品物流管理有着广阔的应用前景。

（3）嵌入式系统技术

是综合了计算机软硬件、传感器技术、集成电路技术、电子应用技术为一体的复杂技术。经过几十年的演变，以嵌入式系统为特征的智能终端产品随处可见，小到人们身边的 MP3，大到航天航空的卫星系统。嵌入式系统正在改变着人们的生活，推动着工业生产以及国防工业的发展。如果把物联网用人体做一个简单比喻，传感器相当于人的眼睛、鼻子、皮肤等感官，网络就是神经系统用来传递信息，嵌入式系统则是人的大脑，在接收到信息后要进行分类处理。这个例子很形象的描述了传感器、嵌入式系统在物联网中的位置与作用。

2. 人工智能技术

人工智能（Artificial Intelligence），英文缩写为 AI，它是研究、开发用于模拟、延伸和扩展人的智能的理论、方法、技术及应用系统的一门新的技术科学。人工智能是计算机科学的一个分支，它企图了解智能的实质，并生产出一种新的能以人类智能相似的方式做出反应的智能机器，该领域的研究包括机器人、语言识别、图像识别、自然语言处理和专家系统等。人工智能从诞生以来，理论和技术日益成熟，应用领域也不断扩大，可以设想，未来人工智能带来的科技产品，将会是人类智慧的"容器"。

尼尔逊教授对人工智能下了这样一个定义："人工智能是关于知识的学科——怎样表示知识以及怎样获得知识并使用知识的科学。"而另一个来自美国麻省理工学院的温斯顿教授认为："人工智能就是研究如何使计算机去做过去只有人才能做的智能工作。"这些说法反映了人工智能学科的基本思想和基本内容，即人工智能是研究人类智能活动的规律，构造具有一定智能的人工系统，研究如何让计算机去完成以往需要人的智力才能胜任的工作，也就是研究如何应用计算机的软硬件来模拟人类某些智能行为的基本理论、方法和技术。

人工智能是计算机学科的一个分支，20 世纪 70 年代以来被称为世界三大尖端技术之一（空间技术、能源技术、人工智能），也被认为是 21 世纪三大尖端技术（基因工程、纳米科学、人工智能）之一。这是因为近三十年来它获得了迅速的发展，在很多学科领域都获得了广泛应用，并取得了丰硕的成果，人工智能已逐步成为一个独立的分支，无论在理论和实践上都已自成一个系统。

用来研究人工智能的主要物质基础以及能够实现人工智能技术平台的机器就是计算机，人工智能的发展历史是和计算机科学技术的发展史是联系在一起的。除了计算机科学以外，人工智能还涉及信息论、控制论、自动化、仿生学、生物学、心理学、数理逻辑、语言学、医学和哲学等多门学科。人工智能学科研究的主要内容包括：知识表示、自动推理和搜索方法、机器学习和知识获取、知识处理系统、自然语言理解、计算机视觉、智能机器人、自动程序设计等方面。

3. 智能硬件技术

智能硬件是继智能手机之后的一个科技概念，通过软硬件结合的方式，对传统设备进行改造，进而让其拥有智能化的功能。智能化之后，硬件具备连接的能力，实现互联网服务的加载，形成"云＋端"的典型架构，具备了大数据等附加价值。

智能硬件指通过将硬件和软件相结合对传统设备进行智能化改造。而智能硬件移动应用则是软件，通过应用连接智能硬件，操作简单，开发简便，各式应用层出不穷，也是企业获取用户的重要入口。

改造对象可能是电子设备，例如手表、电视和其他电器；也可能是以前没有电子化的设备，例如门锁、茶杯、汽车甚至房子。

智能硬件已经从可穿戴设备延伸到智能电视、智能家居、智能汽车、医疗健康、智能玩具、机器人等领域。比较典型的智能硬件包括 Google Glass、三星 Gear、FitBit、麦开水杯、咕咚手环、Tesla、乐视电视等。

在未来 10 年，物联网将带来一个价值 14.4 万亿美元的巨大市场，很多智能硬件产品应用都可以在万物互联时代找到自己的新位置，智能硬件创业者在物联网时代正面对着不小的挑战，成功与否的决定因素已经从单个变量增长到好几个变量，这既是行业转变的思路，更是进一步发展的挑战。

与以往不同，物联网时代将要面对一个更大的挑战，成功与否的决定因素已经从单个变量增长到好几个变量。物联网时代改变了行业创新模式，小的公司也可能变成一家很伟大的公司。

物联网为万物沟通提供平台，涵盖智能医疗、智能电网、智能教育等多个热点行业应用，还与云计算、大数据、移动互联网等息息相关，拥有广阔的市场前景。物联网被认为是继房地产、互联网之后的下一个经济增长点，自然成为了海内外资本市场和国家政府的关注热点。

智能硬件作为物联网的关键组成元素，也一并走红起来。投中集团最新统计显示，2014 年，我国国内已经有 25 家硬件厂商通过 VC 等方式实现融资。

智能硬件行业即将迎来井喷式爆发。根据 Gartner 预测，相比 2014 年，今年全球互联设备将达到 49 亿台，增长 30%；2020 年规模会达到 250 亿台，思科认为是 750 亿台，IDC 预测则是 500 亿台。

4. 增强现实技术

增强现实（Augmented Reality，简称 AR），也被称为扩增现实（中国台湾地区）。

增强现实技术是一种将真实世界信息和虚拟世界信息"无缝"集成的新技术，是把原本在现实世界的一定时间空间范围内很难体验到的实体信息（视觉信息，声音，味道，触觉等），通过电脑等科学技术，模拟仿真后再叠加，将虚拟的信息应用到真实世界，被人类感官所感知，从而达到超越现实的感官体验。真实的环境和虚拟的物体实时地叠加到了同一个画面或空间里，实现了同时存在。

增强现实技术不仅展现了真实世界的信息，而且将虚拟的信息同时显示出来，两种信息相互补充、叠加。在视觉化的增强现实中，用户利用头盔显示器，把真实世界与电脑图形多重合成在一起，便可以看到真实的世界围绕着它。

增强现实技术包含了多媒体、三维建模、实时视频显示及控制、多传感器融合、实时跟踪及注册、场景融合等新技术与新手段。增强现实提供了在一般情况下，不同于人类可以感知的信息。

增强现实系统具有三个突出的特点：真实世界和虚拟的信息集成；具有实时交互性；是在三维尺度空间中增添定位虚拟物体。增强现实技术可广泛应用于多个领域。

在各类大学和高新技术企业中，增强现实系统还处于研发的初级阶段。最终，可能到这个十年结束的时候，我们将看到第一批大量投放市场的增强现实系统。一个研究者将其称为"21 世纪的随身听"。增强现实系统要努力实现的不仅是将图像实时添加到真实的环境中，而且还要更改这些图像以适应用户的头部及眼睛的转动，以便图像始终在用户视角范围内。下面是使增强现实系统正常工作所需的三个组件：

①头戴式显示器；

②跟踪系统；

③移动计算能力。

增强现实系统的开发人员的目标是将这三个组件集成到一个单元中，放置在用带子绑定的设备中，该设备能以无线方式将信息转播到类似于普通眼镜的显示器上。

5. 虚拟现实技术

虚拟现实技术是一种可以创建和体验虚拟世界的计算机仿真系统，它利用计算机生成一种模拟环境，是一种多源信息融合的、交互式的三维动态视景和实体行为的系统仿真使用户沉浸到该环境中。

虚拟现实技术是仿真技术的一个重要方向，是仿真技术与计算机图形学人机接口技术多媒体技术传感技术网络技术等多种技术的集合，是一门富有挑战性的交叉技术前沿学科和研究领域。虚拟现实技术（VR）主要包括模拟环境、感知、自然技能和传感设备等方面。模拟环境是由计算机生成的、实时动态的三维立体逼真图像。感知是指理想的 VR 应该具有一切人所具有的感知。除计算机图形技术所生成的视觉感知外，还有听觉、触觉、力觉、运动等感知，甚至还包括嗅觉和味觉等，也称为多感知。自然技能是指人的头部转动，眼睛、手势或其他人体行为动作，由计算机来处理与参与者的动作相适应的数据，并对用户的输入作出实时响应，并分别反馈到用户的五官。

虚拟现实是多种技术的综合，包括实时三维计算机图形技术，广角（宽视野）立体显示技术，对观察者头、眼和手的跟踪技术，以及触觉/力觉反馈、立体声、网络传输、语音输入输出技术等。

思考题

1. 从移动互联技术的 Web 1.0 时代到 Web 3.0 时代，其发展趋势是怎样的？

2. 移动互联对人类生活的改变主要体现在哪些方面？

第2章　微信公众平台

2.1　微信公众平台的意义

2.1.1　概　念

微信是腾讯公司于2011年1月推出的一款以多媒体信息通信为核心功能的免费移动应用，诞生之后短短两年便得到了快速发展。

一方面，微信快速积累起庞大的用户群体，截至2013年1月15日，微信的用户规模已突破3亿，成为移动互联网时代重要的用户入口；另一方面，微信不断丰富功能，围绕通信这个核心功能，发展为集通信、社交、营销、媒体、工具五大功能于一体的平台化产品。微信的用户逐年激增，图2.1.1可以看出用户数量的不断攀升。

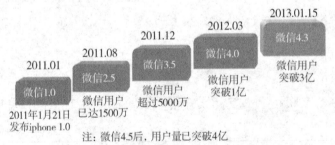

注：微信4.5后，用户量已突破4亿

图2.1.1　微信用户的数量逐年激增

微信公众平台是腾讯公司在微信的基础上新增的功能模块，通过这一平台，个人和企业都可以打造一个微信的公众号，并实现和特定群体的文字、图片、语音的全方位沟通、互动。微信公众平台于2012年8月一经推出，便广受欢迎，成为企业、媒体、公共机构、明星名人、个人用户等继微博之后又一重要的运营平台。当前，微信公众平台有3万认证账号，其中超过七成的账号为企业账号。

从平台功能来看，目前公众平台的主要功能包括多媒体信息大规模推送、定向推送（可按性别、地区、分组等指标定向推送），一对一互动，多样化开发和智能回复等。这些功能为公众平台的实际运营带来了媒体、营销、客服、公共服务等应用方向。微信公众平台分订阅号和服务号、企业号三类平台，利用公众账号平台进行自媒体活动，简单来说，就是进行一对多的媒体性行为活动，如商家通过申请公众微信服务号实现展示商家微官网、微社区、微会员、微推送、微支付、微活动，微报名，微分享、微名片等，还可以实现部分轻应用功能。结合运营主体及主要内容特征，当前的微信公众平台可细分为新闻阅读类、综艺明星类、科技数码类、生活购物类、影音娱乐类、社区交友类、文化教育类、地方政务类、公共名人类等几个大类。2014年开通的微信公众平台账户已经超过600万，近两年微信公众平台的用户人数更是迅速增加。因此，微信公众号已经形成了一种主流的线上线下微信互动营销方式。图2.1.2为某公司为企业定制微信公众号的开始界面。图2.1.3为企业微信公众号可以实现的功能。

2.1.2　微信公众号建立的意义

目前，围绕微信公众平台的各方运营主体已经初具规模。公众平台功能的不断升级、创新以及用户数量的持续增长，将给运营带来更多可能性。针对公众平台接下来的发展，可以从三个视角来思考影响其发展的因素。这三个视角分别代表了当前参与公众平台生态环境的三方力量，即微信公众平台的运营主体、微信公众平台的用户和微信运营团队。

图2.1.2　微信公众号建立开始界面

图2.1.3　企业微信公众号可能可以实现的功能

第一方力量——微信公众平台运营主体。对运营主体来说，首先要解决的是公众平台的定位问题。如果将其定位为营销工具，那么运营主体需要衡量其投入产出比与已有营销工具之间的差异，放弃"群发短信"这样简单粗暴的思路，更多深入探索用户激励措施；如果将其视作客服工具，则需要考虑微信这种新形态的工具如何与原有的客服体系对接；如果将其视作品牌传播渠道，则必须将微信整合进自己现有的传播矩阵中。定位问题将直接决定运营主体对微信的投入力度，运营目标及考核方式。

第二方力量——微信公众平台用户。用户是微信公众平台发展的根基。对于用户来说，微信是一个私密交流工具，不希望被过多的信息打扰，厌恶信息过载，不希望接收到垃圾信息以及泄露隐私、影响安全。无论是微信运营团队还是运营主体，都需要把理解、满足用户需求及保证用户信息安全放在首位。

第三方力量——微信运营团队。微信运营团队是基础平台的建设者与管理者，需要平衡用户与运营主体之间的利益。目前，微信公众平台发展已成燎原之势，运营主体不断增多，良莠不齐、性质各异。推送垃圾信息、打擦边球、窃取用户信息等现象也开始出现。2013年5月底，微信对公众账号进行整顿治理，重新发起认证流程。同年6月，在腾讯举办的沙龙上，微信产品总监公开声明，不能视公众账号为营销渠道。这些信号表明，微信运营团队在未来的运营中，既要保证各方运营主体的积极性，同时也必须引导、管理，促进整个生态圈的健康发展。

综合而言，以上三方作为微信公众平台生态圈的主要参与角色，他们之间的博弈，各方的利益及需求的平衡，将影响微信公众平台的生命力及发展空间。而微信是否能够成为各方机构继微博之后的又一个主力运营平台，也依赖于这三方力量能否在和谐中将公众平台推向更健康的方向发展。

2.1.3 四类主要微信公众平台的发展现状

1. 媒体类公众平台的发展现状

媒体类公众平台是当前公众平台中活跃度高、影响力突出的一类。其运营主体主要包括四类：第一，门户网站频道，如腾讯科技、新浪科技等；第二，传统广电及平面媒体，如央视、南方周末等；第三，独立科技媒体，如虎嗅网、36氪等；第四，自媒体，如罗振宇等知名媒体人。

门户网站频道、独立科技媒体进驻微信时间较早，其中很多在内测时就已开始试运营。它们在信息推送、精准订阅、接 El 开发等方面进行了大量探索。在信息推送方面，这些账号一般会每天推送一至两条图文信息，以各自擅长的资讯、报道、专题为主，其中多数针对公众平台的特点，对原有内容进行了再创作乃至全新创作。如"腾讯科技"，现每天推送两到三条消息，一般在早上八点一条，下午六点一到两条。早上的消息以热点话题和实时新闻为主，下午推送的则更多为观点性、思考性文章，内容来自于腾讯网科技频道的内容再创作。整体看来，门户网站及独立科技媒体等互联网属性较强的运营主体，已经探索出了一套较为成熟的运营套路。依托门户网站已有的内容资源，对现有内容进行多渠道分发及创新，对新应用、新平台的适应性较强，不论是在运营理念、功能探索上，还是在与用户的互动和对需求的把握上，都表现出较高水平。传统媒体虽然在创新性、功能利用上还有很大发展空间，但是对新媒体应用的敏锐度已经大大提高。

2. 品牌客服类公众平台的发展现状

微信点对点私密性的交流方式，可满足国内外知名品牌对营销和客服两方面的需求。目前在运营上进行积极尝试的包括各行业的知名品牌，例如招商银行信用卡中心、中国南方航空、星巴克中国、杜蕾斯等。在实际运营过程中，这些知名品牌主要体现出两种不同的运营策略：第一种以"招商银行信用卡中心""南方航空"为代表，将微信与自身的客户服务系统相结合，满足用户在售前、售后的各类服务需求。"招商银行信用卡中心"以自动回复的形式来推送客服信息，用简单的数字编号来代表不同的业务类型，用户回复数字即可获取客服信息。当用户需要更深入的信息时，会将用户引导至"招商银行一网通"手机页面。除客服功能之外，"招商银行信用卡中心"一般并不向用户主动推送信息，这与其他公众平台形成了较大差别。通过这种方式可以解决用户在申请信用卡、使用信用卡中的各个常见问题，快速响应用户需求。第二种以"星巴克"、"杜蕾斯"为典型代表，通过与用户建立亲密且深入的互动关系，维护及提升品牌形象。"星巴克中国"的每条推送消息都以简单、有趣的形式调动用户参与，有些是回复抽奖，有些则是参与小测试，其推出的回复表情推送"自然醒"音乐的营销活动，成为微信公众平台的经典营销案例之一。

3. 公共服务类公众平台

政府、公共机构、非盈利组织、高校等越来越多的公共服务机构进驻微信，代表性的运营主体包括上海市人民政府新闻办、中国国家博物馆、深圳壹基金公益基金会等。微信团队近期表示要扶持航空、政府、金融、运营商、快递、教育等行业的公共账号，对此类公众平台来说实为利好消息。在这些公共服务机构中，政府机关因其与人民日常生活联系的紧密性、发布消息的权威性而受到广泛关注。以前在微博平台上，政务微博已经成为热点之一，2016年10月18日，在中国政府网微信公众号上推出的"简政放权，我来@国务院"活动，说明政务微信也开始在微信公众平台上落地开花。

图 2.1.4　部分"简政放权，我来@国务院"活动落实的图片

4. 电子商务类公众平台的发展现状

电子商务类公众平台的运营主体主要以 B2C 电商及社会化导购类电商为主，代表性的运营主体有京东商城、当当网、美丽说等。这些电商在公众平台上的运营策略各有不同。"京东商城团购""当当网"等用微信来推送各种活动信息、商品促销信息，导引流量到自己的网站。"好乐买"等利用微信来进行售后服务，如用户回复订单号可以自动返回订单追踪情况。"美丽说"等社会化导购类电商也在微信平台上展开了很多深入探索。可见，当前电商在公众平台上着力的方向主要是进行流量引导和售后服务、维护客户关系等。然而实际上这些流量是否能够转化为订单，以及一对一客服带来的运营压力，是电子商务类公众平台需要面对的问题。

总之，目前围绕微信公众平台的各方运营主体已经初具规模。公众平台功能的不断升级、创新以及用户数量的持续增长，将给运营带来更多可能性。

2.2 微信公众号的申请

微信公众平台分为订阅号、服务号、企业号三类平台，如图 2.2.1 和 2.2.2。利用公众账号平台进行自媒体活动，微信公众平台有 3 万认证账号，其中超过七成的账号为企业账号。

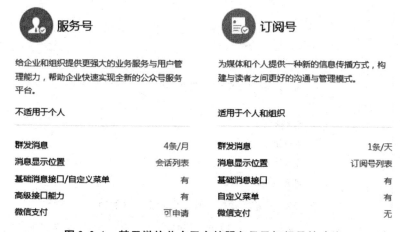

图 2.2.1 基于微信公众平台的服务号及订阅号的功能

1. 服务号

服务号开放的接口比较多，主要针对于企业、以服务功能型为主的账号，功能强大，但不需要过多推送内容，以服务为主，给企业和组织提供更强大的服务与用户管理能力，帮助企业实现全新的公众号服务平台，如招行信用卡、南方航空等。很多企业也会选择服务号与订阅号同时建立来满足不同的需求，主要用于服务。适用人群：媒体、企业、政府或其他组织。

2. 订阅号

主要用于推广。订阅号多为媒体、自媒体、公司市场、品牌、宣传使用，为媒体和个人提供一种新的信息传播方式，构建与读者之间更好的沟通和管理模式。订阅号还分个人订阅号和企业组织类的订阅号。申请企业类的账号，才能获得更多权限和排名的优化。适用人群：个人、媒体、政府或其他组织。

3. 企业号

微信为企业客户提供的移动应用入口，简化管理流程，提升组织协同动作效率；帮助企业建立员工、上下游供应链与企业 IT 系统间的连接。适用人群：企业、政府、事业单位或其他组织。无论是选择订阅号还是服务号或者企业号，都要根据企业或个人的实际需求而定，自己的定位找好了，账号的类型也就好选了。

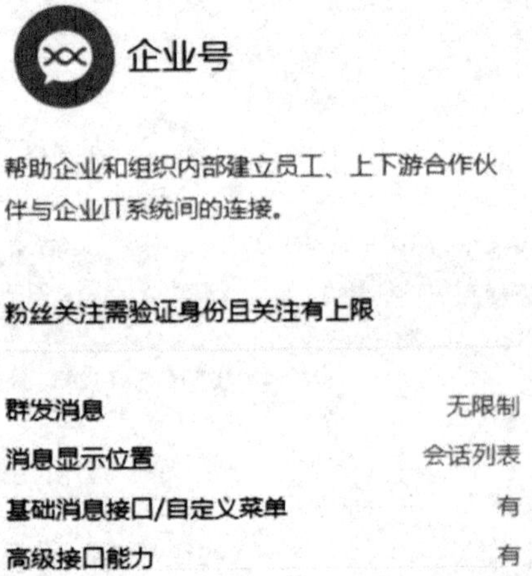

基于微信公众平台的企业号的功能：

帮助企业和组织内部建立员工、上下游合作伙伴与企业IT系统间的连接。

粉丝关注需验证身份且关注有上限

群发消息	无限制
消息显示位置	会话列表
基础消息接口/自定义菜单	有
高级接口能力	有

图 2.2.2 基于微信公众平台的企业号的功能

本书接下来的章节将主要针对订阅号和服务号的微信公众号进行实操，以便让读者更清晰地掌握申请微信公众号的流程和注意事项。

2.2.1 微信公众账号注册、设置、登录

1. 微信公众平台注册

在注册微信公众平台之前需要有些基本的构思和注意事项，这些准备工作对于日后微信公众号的运营和维护都很重要。需要注意以下几个问题。第一，

要有一个没有注册过公众账号的邮箱，如果使用 QQ 邮箱，那么对应的 QQ 号也要没有注册过公众账号。第二，身份证扫描件，每个身份证可以注册 5 个公众账号。第三，手机，用来接受注册验证码。第四，确定公众账号名称非常重要，一旦申请成功，名称便不能修改，并且该名称最好与已获得认证的腾讯微博名称相同，等公众号到 500 粉丝后可以自助认证。准备工作做好后开始进行注册，在浏览器地址栏输入 http：//mp. weixin. qq. com，或百度上查找"微信公众平台"进入微信公众平台。如图 2.2.3 所示。

图 2.2.3　微信公众号注册开始界面

点击注册按钮后进入注册界面，如图 2.2.4 所示，注意"我同意并遵守"协议选项需打勾。关于密码设置，有新的研究表明，一句完整的英文句子，比字母加数字组合更难破译也更容易记住。

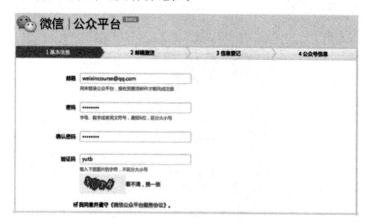

图 2.2.4　微信公众号基本注册界面

点击注册后会发送一封邮件到你注册的邮箱要求激活，如图 2.2.5 和 2.2.6 所示。

图 2.2.5 需进入注册邮箱激活

图 2.2.6 邮箱激活界面

点击邮件链接后跳转至第三步,公众账号所有者的信息填写。根据要求填写就好了,上传身份证扫描件,并用手机验证。这里要注意的是,如果注册公司账号,请填写完整,以方便后期公司申请一些接口时使用,比如自定义菜单接口。如图 2.2.7 所示。

2.2.7 微信公众号相关信息

接下来将进行非常关键且重要的一步，对微信账号名称的设置。如图2.2.8 所示。对于账户名的设置需要注意以下几点：

①账号名称一旦设定则不可随意更改，微信团队的新的规定是一个自然年只能主动修改 2 次，头像每个月只能申请修改 5 次。

公开信息		
头像	LANYUAN VISION	修改头像 一个月头像只能申请修改5次
二维码		下载更多尺寸
名称	读摄行	修改 个人类帐号一个自然年内可主动修改两次名称 查看改名记录
微信号	LanPT2014 微信号不可变更	
类型	订阅号	激活 Windows

2.2.8　微信公众账号名称规则

②公众账号的自助认证必须要用与该名称相同的已认证微博来辅助认证。如果两个名称不同的话，则需要通过邮件方式人工认证，需要提供的资料会比较多。

③在微信客户端里，用户搜索公众账号有两个途径，一个是通过微信号直接搜索，一个是通过账号名称搜索。由于微信号通常是英文字符加数字等组合，对国人来说记忆性不强，因此通过中文搜索公众账号是一个重要途径，企业的公众账号中文名称要取的辨识度高，可搜索性强。

比如合生汇百货商店，正常公众账号会取名为"合生汇"。但实际上这家商场是连锁店。全国不同地区，同一地区不同区县中入驻的商家不同，那么公众账号名称就建议取"合生汇—五角场店"，商家在宣传时就可以直接用中文，用户搜索时无论是搜"合生汇""五角场合生汇"，都有机会搜出来，微信的搜索排名规则现在还不清楚，但是可以预见的是未来这块也是搜索引擎优化的一个方向。

至此，微信公众账号就注册成功了。如图 2.2.9 所示。

2.2.9　公众号信息填写

2. 微信公众平台设置注意事项

首先是设置头像，企业类的可以直接拿自己微博上的头像上传，应用类或者个人类的可以根据自己公众账号定位来设计一个头像。至于头像，需要注意的是微信公众账号头像会有两个样子，一个是方的一个是圆的，圆的那个头像很容易切掉图像或者文字，在设计的时候必须考虑全面。如图 2.2.10 所示。

2.2.10　微信头像选择

功能介绍根据账号定位来设置，建议文字不要超过 40 个字，以账号服务内容为主，力求让用户在关注你之前就了解到你的账号是干什么的，不要写公司介绍。然后设置公众账号的微信号，长度必须在 6 位以上，填写后也是不能修改的，大小写没有关系，用户搜索时都是按照小写字母来搜索的。要注意的是尽量少用下划线、减号和数字，减少用户切换键盘的动作，另外下划线和减号容易被用户输错。如图 2.2.11 所示。

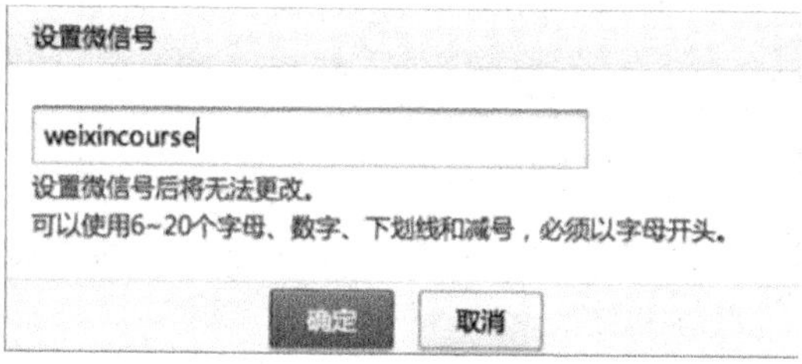

2.2.11　微信公众号的微信号设置

3. 公众账号登录

公众账号登录可从 http：//mp. weixin. qq. com 进入，点击右上角的登录后弹出窗口。另外，还有其他方式登录，如 QQ 号、微信号和注册邮箱，或者网页搜索"微信公众平台官网"。图 2.2.12 所示。登录成功以后就进入了微信公众平台后台了。如图 2.2.13 所示。

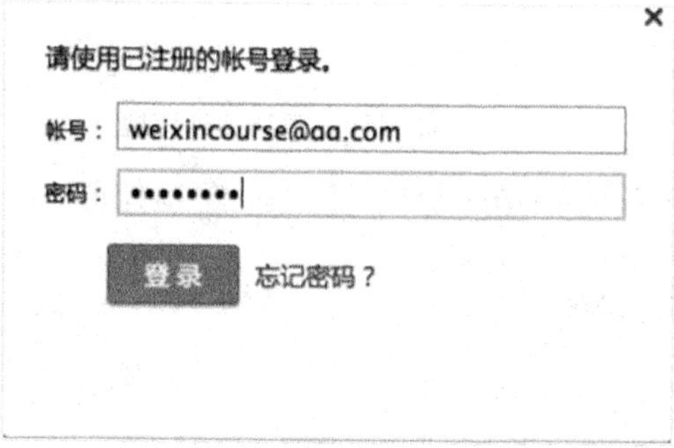

2.2.12　注册好微信公众号后登录

2.2.13　微信公众平台登录后界面

2.3 微信公众平台主要功能

最新版本的微信公众平台首页可以分为功能、管理、推广、统计、设置、开发这六大模块。如图 2.3.1 所示。

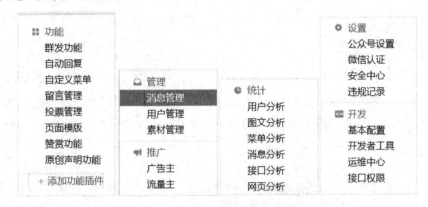

2.3.1　微信公众平台功能模块

下面，我们就一些常用功能和模块做逐一解释和实际操作。

2.3.1　功能模块

1. 群发功能

微信公众平台上的群发消息，是指将编辑好的素材群发给关注该公众平台的粉丝，粉丝收到文章后可以阅读或者转发。群发消息的步骤如下：

①登录微信公众平台。

②如果还没有准备好群发的图文消息，可以点击素材管理——新建图文消息进行编辑，编辑后保存即可。

③如果已经准备好群发的图文消息，可以点击左上角群发消息，然后从素材库中找到需要群发的图文消息。

④点击群发，用微信扫一扫二维码即可进行群发。

⑤如果是非管理员或者非运营者扫描二维码，管理员会收到一个微信消息，点击详情进入后，再点击确定即可开始群发。如果是管理员或者运营者，则直接点击确认发送即可。

⑥群发后的图文消息不能修改，但是可以删除。

2.3.2 微信公众号的群发功能

普通的公众账号，可以群发文字、图片、语音、视频等类别的内容。而认证的账号，有更高的权限，能推送更漂亮的图文信息。这类图文信息也许是单条的，也许是一个专题。

2. 自定义菜单

（1）开启自定义菜单

2015 年 2 月 12 日，微信公众平台全面开放自定义菜单功能，所有微信公众号都可以设置自定义菜单了。主要内容有三方面：①开启自定义菜单；②编辑自定义菜单；③玩转自定义菜单。进入微信公众平台后台，左上角功能选项，点击添加功能插件。如图 2.3.3 所示。

2.3.3 添加功能插件

需要特别注意的是，未认证的订阅号只可使用编辑模式下的自定义菜单功能，认证成功后才能使用自定义菜单的相关接口能力。如图 2.3.4 和图 2.3.5所示。其中，图 2.3.4 表示未认证订阅号。2.3.5（a）图表示不能使用自定义菜单接口功能。图 2.3.5 中（b）（c）两图分别表示有自定义菜单接口功能后，订阅号可进行自定义菜单的编辑，为未通过和通过认证的实际编辑和最终效果。

图 2.3.4　未/已认证的订阅号发布后效果比较

（a）　　　　　　　（b）　　　　　　　（c）

图 2.3.5　未/已认证的订阅号发布后效果比较

（2）编辑自定义菜单。

①编辑自定义菜单（手机底部的三个栏）最多只能建立 3 个，且名称不超过 4 个汉字或 8 个字母。通过图 2.3.6 中 " + " 号添加。实际效果如图 2.3.5 中（b）（c）所示。

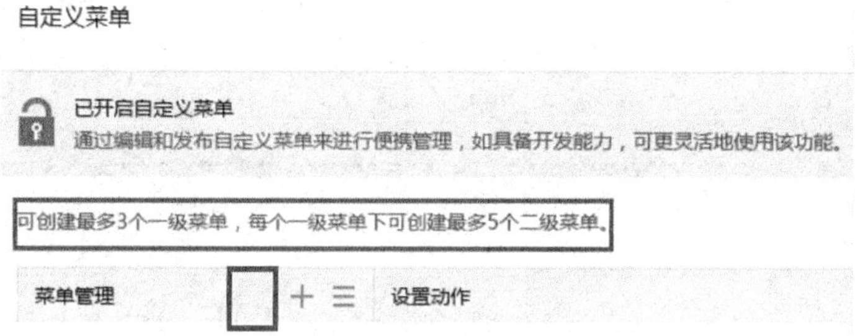

图 2.3.6　一级自定义菜单管理

②每一个一级菜单可建立 5 个二级菜单，且名称不超过 8 个汉字或 16 个字母（但建议字数最好不要超过 6 个，不然文字太长显示不美观），字数多于 8 个字时，二级标题显示不全代表信息不完整，会影响用户体验。如图 2.3.7 所示。订阅号最终输出结果如图 2.3.5 中（b）（c）所示。

图 2.3.7　一级自定义菜单管理效果

当用户点击菜单后，公众号做出的相应动作，菜单编辑完成后可以点击最下方的【预览】查看，如有任何问题可以及时修改。发送信息和平时设置关键词一样，有文字、图片、语音、视频、图文消息这五类形式可选。跳转到网页，则会让你输入一个网址，生成后用户只需点击按钮，就可一键跳转到指定网页（这里可以添加微社区或者适合手机端的 H5 页面或 Wap 页面）。需认证的公众号才可以跳转输入的网址，未认证的订阅号只能跳转到指定的图文素材库。

3. 赞赏功能

当运营者在微信公众平台里推送了自己的原创文章以后，便有机会获得微信团队"赞赏功能"的邀请。若进一步成功得到"赞赏"功能，则公众号的用户看了运营者推送的原创文章时，就可以选择给该公众号提供"赏金"。特别需要指出的是，自2017年1月11日起，微信团队对公众号运营者赏金的结算规则做出新的调整。如图2.3.8所示。

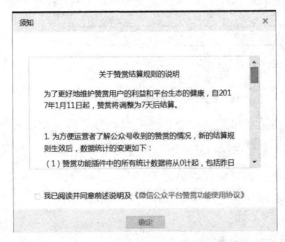

图 2.3.8　赞赏结算规则说明

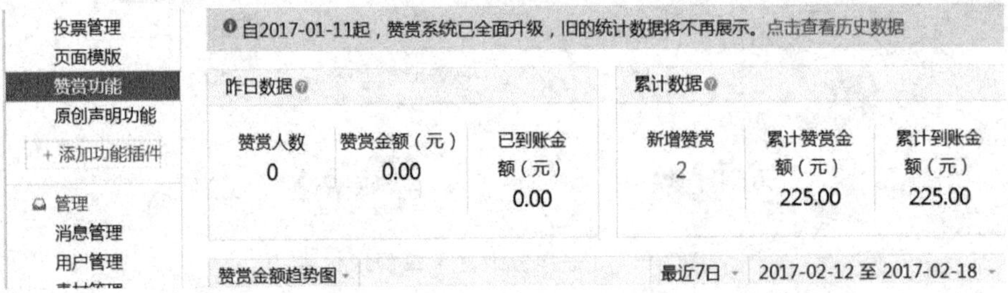

图 2.3.9　赞赏结算

如下图所示，在微信公众平台里准备好一篇自己的原创文章，然后需要先打开"原创声明功能"这个选项，之后才可以打开"赞赏"功能。具体操作如下：素材管理 ＝ —→ 选择 ＝ —→ 原创文章 ＝ —→ 点击"编辑"（如图2.3.10 红色箭头）＝ —→ 进入编辑页面 ＝ —→（图2.3.11）＝ —→ 编辑后保存 ＝ —→ 勾选"接受用户赞赏" ＝ —→ 弹出原创声明对话框 ＝ —→ 点击确定 ＝ —→ 保存并群发。最终发布完成带有赞赏功能的原创文章。

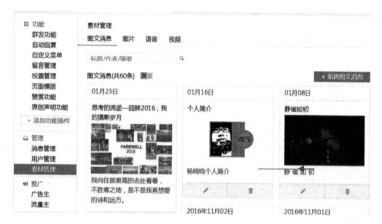

图 2.3.10　进行素材管理步骤

图 2.3.11　发布具有赞赏功能的原创文章

　　当保存并群发文章以后，在手机微信里的订阅号中找到发布的文章，然后点击底部"赞赏"按钮，如图 2.3.12 所示。随后就可以看到有赞赏的金额了，如图 2.3.13 所示，可以选择默认的金额，也可以自己用其他自己定义的金额。如果不是原创，则可以点击原文链接会自动出现原文链接地址，如图 2.3.11 上方箭头所示。

图 2.3.12　赞赏确定对话框　　　**图 2.3.13　赞赏金额对话框**

当然，在微信公众号的管理页面里，可以进入"赞赏功能"页面中查看一些关于赞赏的详细信息，如图 2.3.9 所示。

4. 留言管理

该页面用于展现用户通过手机向公众平台发送的即时消息，这是与用户用心互动的重要阵地，账号管理者应经常在这个页面和关注自己公众号的朋友们互动，如图 2.3.13 所示。"文章管理"部分，可以保留平台作者发布的文章列表，及粉丝关注情况，如图 2.3.14 所示。

图 2.3.13　留言管理对话框

图 2.3.14　文章管理对话框

5. 投票管理

投票功能可提供使用公众平台的用户参与比赛、活动、选举的投票，收集粉丝意见，是扩大公众号影响力的重要手段之一。例如：XX 摄影大赛，可以提供参赛者信息给粉丝参与投票。通过公众平台 ＝——功能 ＝——投票管理 ＝——新建投票的方式进行，如图 2.3.15 所示。

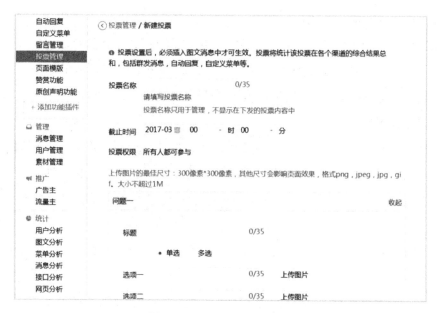

图 2.3.15　投票管理对话框

对于投票管理对话框的操作, 需要注意以下问题:

①投票截至时间只能是在当前时间之后的半年之内的任意时段;

②投票主题、问题项、选项都不能为空且长度不能超过 35 个字;

③粉丝投票可设置非关注或关注后才能操作, 对于投票项目可设置单选或者多选, 多选无法限制数量;

④投票最多可设置 10 个问题, 每个问题最多设置 30 个选项;

⑤新建内容提交后, 暂不支持修改投票内容;

⑥若是多图文消息, 一个正文只能包含 1 个投票 (三个图文, 能放三个投票);

⑦投票一旦删除, 投票数据无法恢复, 且图文消息中不可查看;

⑧投票图片为 300 像素 * 300 像素, 格式为 png、jpg、gif, 大小不超过 1024KB, 发送手机点击图片可放大查看;

⑨投票将统计该投票在各个渠道的综合结果总和, 包括群发消息, 自动回复, 自定义菜单等, 同一个微信号只可以参与一次相同投票, 且不支持查看其他参与人微信号或昵称。

6. 原创声明功能

微信公众平台为了维护作者权益、鼓励优质内容的产生, 于 2015 年初上线了原创声明功能。当用户的原创文章在原创声明成功后，微信公众平台会对该文章添加"原创"标识，若其他用户在微信公众平台发布转载已进行原创声明的文章时，系统会为其注明出处。目前，原创声明功能不能由用户自行申请，而是由微信团队针对特定的微信公众号进行邀请。被邀请的微信公众号一般需具备以下条件或特征：

①必须是订阅号。个人和企业类型均可以申请，企业类型要有微信认证。

②公众号注册和运营时间在 1 年以上，有持续和长期的运营规划。

③公众号文章的原创度超过 80%，最近一个月发表的原创文章数量达到 4 篇。

④公众号运营没有相关的违规记录。（如抄袭、侵权、诱导分享、欺诈等违规行为）

⑤个人或者企业对于公众号文章的原创性有一定的要求，对于微信公众平台的原创保护功能有一定的了解。

成功获得原创声明功能的微信公众号将具有以下区别于普通公众号的特权，下面以"E 客先生"公众号为例，加以介绍。

特权一：原创的内容发布时具有原创标签。每篇文章在发布的时候可以声明为原创，如果声明成功，该文章标题下方会有一个原创标签。只要看到这个标签，则说明这个公众号已经开通了原创声明功能，这篇文章已经被运营者声明为原创。如图 2.3.16 所示。

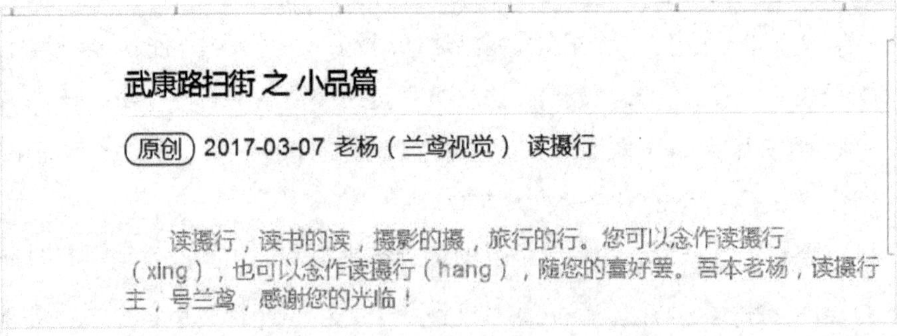

武康路扫街 之 **小品篇**

(原创) 2017-03-07 老杨（兰莺视觉）读摄行

读摄行，读书的读，摄影的摄，旅行的行。您可以念作读摄行（xíng），也可以念作读摄行（hang），随您的喜好罢。吾本老杨，读摄行主，号兰莺，感谢您的光临！

图 2.3.16　原创显示对话框

特权二：拥有页面模板功能。有页面模板功能，可以把文章归类，类似资讯类微网站一样的效果，建好页面模板后，可以把链接放到自定义菜单。

图 2.3.17 原创页面功能模板

特权三：管理原创文章，查看被转载信息。后台可以很清楚地看到哪个公众号转载了你的文章，什么时间转载的，以及转载的公众号信息和文章链接信息。如图 2.3.18 所示。

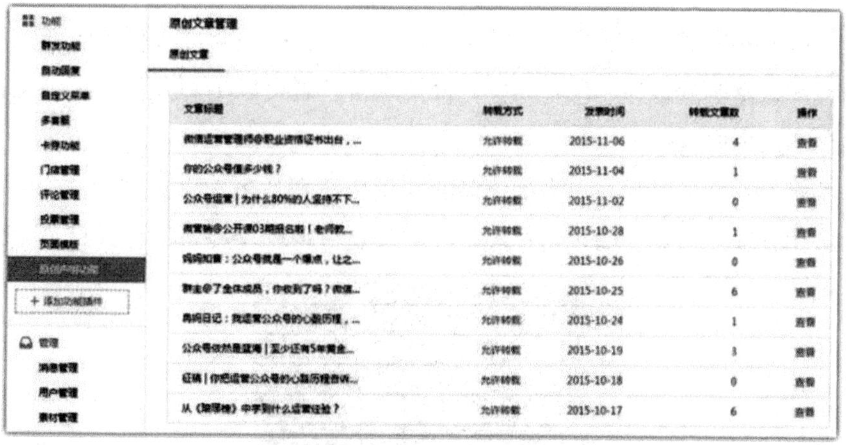

图 2.3.18 原创页面管理面板

特权四：转载不允许修改，显示原创公众号链接。如果其他的公众号转载运营者已经声明原创成功的文章，这篇文章将会被系统强制性的跟原创文章的标题、内容等一模一样，换句话说就是不允许修改。并且在文章内容顶部或者是底部会显示原创公众号的链接。

特权五：文章评论功能。每篇文章底部都可以实现评论功能，并且这个评论功能可以开启，也可以关闭，评论内容首先由运营者看到，是否显示该条评论，运营者在后台进行判断，进行有选择的显示。如图 2.3.19 所示。

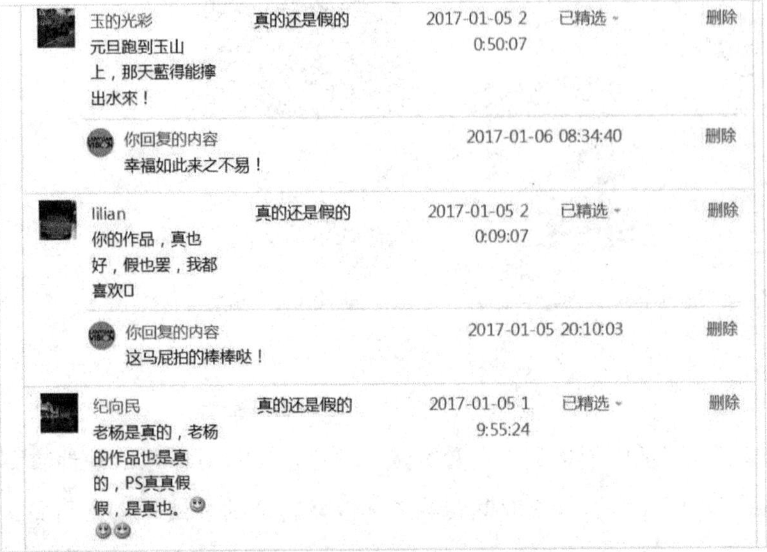

玉的光彩
元旦跑到玉山
上，那天藍得能擰
出水來！
真的还是假的
2017-01-05 2
0:50:07
已精选
删除
你回复的内容
幸福如此来之不易！
2017-01-06 08:34:40
删除
lilian
你的作品，真也
好，假也罢，我都
喜欢
真的还是假的
2017-01-05 2
0:09:07
已精选
删除
你回复的内容
这马屁拍的棒棒哒！
2017-01-05 20:10:03
删除
纪向民
老杨是真的，老杨
的作品也是真
的，PS真真假
假，是真也。
真的还是假的
2017-01-05 1
9:55:24
已精选
删除

图 2.3.19　原创文章评论内容

特权六：内链功能。原创文章可以插入链接，把运营者过往已经群发过的文章标题，链接到该原创文章当中，使公众号读者可以更加方便的浏览运营者其他文章的内容。

特权七：开通流量主。当运营者的粉丝用户数达到 10000 以上，就可以有资格申请开通流量主，通过文章底部的广告获得相应收入。如图 2.3.20 所示。

04:23
腾讯视频
偷偷阅读《微营销之葵花宝典》
阅读原文 阅读 1314 13
举报
广告
真二网真实二手房
免费房产咨询，解决各种
房子问题。
关注
真二网

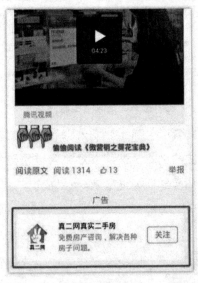

图 2.3.20　粉丝超过 1000 可以开通广告功能

特权八：有机会开通赞赏功能。赞赏功能开通的前提是，必须先开通原创声明功能。如果受邀开通赞赏功能，则运营者可以有机会领到粉丝的打赏赏金，获得原创作品的收入。图 2.3.21 所示，再次说明赞赏人数对话框。

图 2.3.21　原创赞赏功能对话框

特权九：更多权重和官方政策的倾斜。比如关键词的排名，当用户对某一关键词进行搜索时，持有原创声明功能的运营者排名将会靠前。除此之外，还有更多的保护和政策倾斜，体现在一些细微之处，限于篇幅，这里不再一一赘述。

2.3.2　管理模块

这部分主要讲解微信公众平台的消息管理技巧和用户分析统计，本书将结合一些营销技巧、经验，希望能帮助广大读者在营销和使用上更加得心应手。

1. 消息管理功能

点击【信息管理】，可以查看最近五天、当天、昨天、前天或者更早的信息。更早的消息可以通过留言管理查看。如果有最新的信息，作者可以立刻回复。如图 2.3.22 所示。

图 2.3.22 消息管理对话框

2. 用户管理功能

点击左边菜单的【用户管理】，用户管理右边的是用户分类，除了系统默认的未分组、黑名单、星标组外，你可以自定义添加自己的分组名称，分组用于把客户分门归类，方便管理维护。左边是用户列表，列表上面有个批量分组，当你勾选用户前面的框框后，可以把多个用户批量导入到你选择的分组里面。如果你想单独修改用户分组，在用户名的右边就有调整按钮。

图 2.3.23 用户管理对话框

鼠标移动到用户头像，会弹出一个用户详细信息框。如图 2.3.24 所示。

图 2.3.24 用户对话框

3. 素材管理功能

素材管理功能可以设置或上传图文信息、图片、语音、视频等素材供其他功能调用。如图 2.3.25 所示。也可以编辑、添加，使发布的文章内容更加丰富。如图 2.3.26 及 2.3.27 所示。

图 2.3.25　**素材管理对话框**

图 2.3.26　**编辑素材管理 – 添加图片**

对所撰写的原创稿件可以进行实时的编辑，进入 　　　　，即可进入该篇原创编辑页面进行多图文信息的编辑。点选右侧的"多媒体"对话框，可以添加图片，视频，音频，及投票内容。所有内容编辑完毕，可以点击下方"预览"按钮进行输出结果预览。如图 2.3.28 所示，为发布后手机的直观效果。分别可以通过"图文消息""消息正文""分享到朋友圈""发送给朋友"预览最终效果，还可通过"发送到手机"由发布者直接看最终效果。

图 2.3.27　编辑素材管理 – 添加视频及投票

图 2.3.28　编辑素材后预览

如前文所述，投票功能是收集粉丝意见，扩大公众号影响力的重要手段之一。笔者为突出效果故意设定一个不相干的投票活动。如图 2.3.29 所示。关于投票管理，还需要注意的内容，前文在投票管理中已有详细叙述，这里不再赘述。

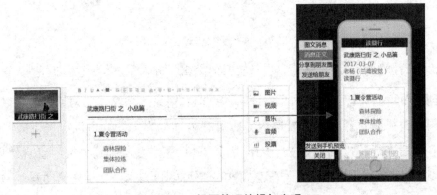

图 2.3.29　投票管理编辑与实现

2.3.3　推广模块

微信公众平台广告主模块，2014 年 7 月 6 日经由微信公众账号广告正式对外公测，主要包括流量主服务和广告主服务。

1. 广告主功能

微信公众平台推广功能是微信公众平台官方唯一的广告系统，为微信公众号量身定制。公众账号运营者通过广告主功能可向不同性别、年龄、地区的微信用户精准推广自己的服务，获得潜在用户。微信认证的公众号可申请开通投放服务，成为广告主。开通广告主业务可以有特权维护自己公众号更好地为推广公司业务和发展服务。开通服务费为 300 元/次。全新的认证体系提供更安全、更严格的真实性认证，也能够更好地保护企业及用户的合法权益。支持所有组织类型的公众账号申请全新的微信认证。账号资质审核认证通过后，订阅号将获得自定义菜单接口权限，服务号将获得高级功能接口中所有接口权限、多客服接口，以及可申请微信支付。微信认证后，用户将在微信中看到微信认证特有的标识。微信认证成功后，公众账号资料中"认证详情"中会展示认证资料，以及微信认证特有的标识，暂不支持取消。

账号类型	微信认证后特权
订阅号	1. 自定义菜单（可设置跳转外部链接，设置纯文本消息） 2. 可使用部分开发接口 3. 可以申请广告主功能 4. 可以申请卡券功能 5. 可以申请多客服功能 6. 公众号头像及详细资料会显示加"V"标识
服务号	1. 全部高级开发接口 2. 可申请开通微信支付功能 3. 可申请开通微信小店 4. 可能申请广告主功能 5. 可以申请卡券功能 6. 可以申请多客服功能 7. 公众号头像及详细资料会显示加"V"标识

关于微信认证时间节点的问题，微信团队作了以下规定。2014 年 8 月 24 日之前注册的个人订阅号需满足以下两个条件，即可申请微信认证。即没有开通的流量主的个人类型账号；未纠错过主体信息的账号。在 2014 年 8 月 24 日之后注册的个人类型的公众号，已经不支持申请微信认证，需要申请微信认证，必须重新注册企业/组织类型的公众号。具体相关的认证问题，可以访问腾讯平台关于"公众平台教程"了解。如图 2.3.30 所示。

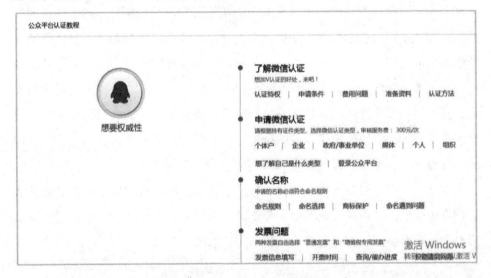

图 2.3.30   公共平台认证教程

认证后的广告主可以实现"微信朋友圈广告"和"公众号广告"两种形态。基于朋友圈的广告形态可以类似朋友的原创内容形式展现，可互动传播的原生广告。基于微信公众平台的广告形态，可提供多种广告形式，可精准定制投放的效果广告。成为广告主后具有三方面核心优势：即可以拥有海量用户，可覆盖超过 6 亿活跃用户，每天超 20 亿次图文消息阅览；根据后台大数据系统可以将关注用户进行精准触达并能深度挖掘微信用户兴趣，精准定制投放人群；形成仅基于微信开放的闭环生态体系，提供闭环营销解决方案。为微信营销，或内容管理做好保障和后盾。要实现微信营销，并希望能将自己的公众平台运营得力，进行微信认证，并成为广告主和流量主是必要的步骤。为实现微信营销，扩大微信公众号影响力，市场还专门有相关课程或网站，收取一定的费用帮助企业公众号开拓粉丝，拓展市场。如图 2.3.31 所示。

图 2.3.31　某网络平台可以提供公众平台的服务功能

2. 流量主功能

微信公众平台通过简单申请，即可成为流量主，按月获取广告收入。广告资源优质丰富，数据统计精准透明。但可以成为流量主的门槛较高，目前的版本是需要公众号有 5000 粉丝以上才可以开通。开通了流量主，则可在微信消息的图文页面中加入广告，赚取收益。但流量主的开通规范也越来越严格。如图 2.3.32 所示。

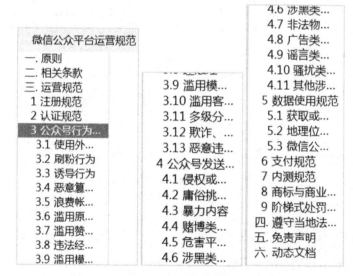

图 2.3.32　微信公众平台流量主运营规范

以拥有 10 万粉丝的某公众号为例，图 2.3.33 是其成为流量主后部分文章的收入。因此公众号承担传播重任，只有传播的内容被粉丝认可，并且做到持续性才可以保证稳定的文章阅读流量和收入。

曝光量	点击量	点击率	总收入(元)
16624	156	0.94%	64.56
16993	141	0.83%	51.00
21176	186	0.88%	68.59
19015	154	0.81%	50.97
17425	175	1.00%	66.18

图 2.3.33　微信公众平台流量主部分收入列表

2.3.4　统计模块

我们为了更好地开展业务或者维护客户，需要有一系列的分析工具来查看各种数据，以方便制定经营策略，这就是统计功能。本功能包含用户分析、图文分析、消息分析、接口分析。

用户分析对话框如图 2.3.34 所示。

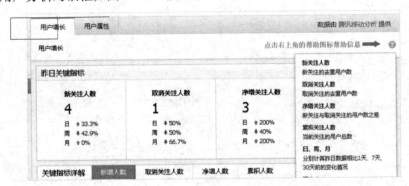

图 2.3.34　统计功能对话框

1. 用户增长

比较重要的指标，显示每日，每周，每月新关注人数、取消关注人数、净增关注认输等信息的动向。

2. 用户属性

根据用户的性别、语言、省份、城市等属性来分析用户数据。

3. 关键指标详解

曲线图分析新增人数、取消关注人数、净增人数、累积人数四项指标的数据。可选择 7 天、14 天、30 天的数据。或者按【时间对比】，选择两个时间段对比数据。

4. 图文分析，消息分析

跟用户分析类似，关注当日、周、月的数据，此处不作详细叙述。

5. 接口分析

根据调用次数，失败率，平均耗时，最大耗时，关注用户调用公众平台接口的成功率最为关键。因为如果失败率高，或者耗时多，用户体验不良好，容易导致用户取消关注。所以这个接口分析是每天必须留意的，发现异常即时查找原因或找微信公众平台客服帮助解决。

2.3.5　设置模块

设置模块包含公众号设置、微信认证、安全中心、违规记录等四个功能。

1. 公众号设置

公众号设置选项包括"账号详情"和"功能设置"选项。"账号设置"，包含头像，二维码，公众号名称，类型，介绍，认证情况等等。如图 2.3.35 所示。"功能设置"包括隐私设置（及是否可以通过名称搜索到本公众号），图片水印设置以及 JS 接口安全域名设置等。如图 2.3.36 所示。所谓 JS 接口安全域名设置，是指只要通过微信认证的公众号（订阅号/服务号），都可以在公众平台【设置—公众号设置—功能设置】填写业务域名，从而避免网页输入框弹出安全提示，让消费者放心购物。设置安全域名后，公众号开发者可在该域名下使用微信开放的 JS 接口。填写的 JS 接口安全域名要求是一级或者一级以上的域名，必须通过 ICP 备案的验证。可填写三个域名。如图 2.3.37 所示。域名需要服务号或订阅号平台用户自行购买并在工信部备案。

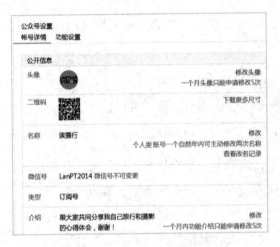

图 2.3.35　公众号账号详情设置

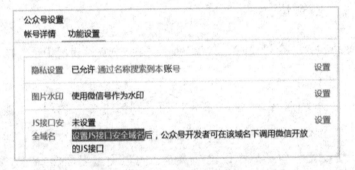

图 2.3.36　公众号功能设置

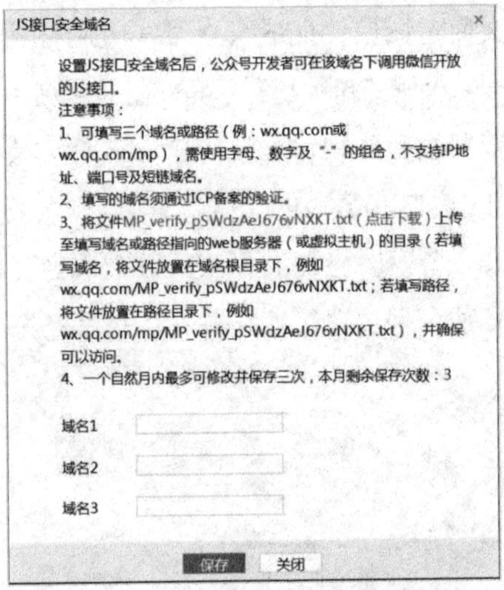

JS接口安全域名　　　　　　　　　　　　　　　　　　✕

设置JS接口安全域名后，公众号开发者可在该域名下调用微信开放
的JS接口。
注意事项：
1、可填写三个域名或路径（例：wx.qq.com或
wx.qq.com/mp），需使用字母、数字及 "-" 的组合，不支持IP地
址、端口号及短链接名。
2、填写的域名须通过ICP备案的验证。
3、将文件MP_verify_pSWdzAeJ676vNXKT.txt（点击下载）上传
至填写域名或路径指向的web服务器（或虚拟主机）的目录（若填
写域名，将文件放置在域名根目录下，例如
wx.qq.com/MP_verify_pSWdzAeJ676vNXKT.txt；若填写路径，
将文件放置在路径目录下，例如
wx.qq.com/mp/MP_verify_pSWdzAeJ676vNXKT.txt），并确保
可以访问。
4、一个自然月内最多可修改并保存三次，本月剩余保存次数：3

域名1　［　　　　　　　］
域名2　［　　　　　　　］
域名3　［　　　　　　　］

　　　　　保存　　关闭

图 2.3.37　JS 接口安全域名设置选项

2. 微信认证

微信认证的方法和意义已经在广告主的章节中详述，这里不再赘述。

3. 安全中心和违规记录

主要功能是对管理员微信号予以保护。同时对于一些有风险的操作予以提示。违规记录里记录了公众号的违规情况，运营者可随时进行查看，以更清晰了解账号违规情况及相关规则。如对违规记录存在异议，可通过站内信处罚通知的申诉入口进行申诉。

2.3.6　开发模块

开发模块需要通过授权第三方工具，设置菜单基本功能，添加应用，并开启拓展功能，使用开发者模式。拓展功能可能需要使用 Ngrok、Eclipse 和 JDK8，搭建微信本地调试开发环境，运用 Java 等语言进行开发。开发者模式为微信公众号提供更多更强大的功能，有针对的设计和开发平台，可以给用户带来专业全面的互动，和良好的用户体验。这里就几个典型案例做以介绍。如图 2.3.38 和 2.3.39 所示，是值得借鉴的公众账号主要是服务号，试列举并介绍如下。

1. 招商银行信用卡中心

如果你是持卡人，可快捷查询信用卡账单、额度及积分；快速还款、申请账单分期；微信转接人工服务；信用卡消费，微信免费笔笔提醒。如果不是持卡人，可以微信办卡。招商银行公众号通过提示消息引导用户将自己的微信号和信用卡号安全绑定。用户可以通过该公众号查询账单、收取刷卡通知等功能，这是由招行开发人员通过公众号接口实现的功能。

图 2.3.38　招商银行和南方航空微信公众号

2. 中国南方航空

你可以办理值机手续、挑选座位、查询航班信息、查询目的地城市天气，并为明珠会员提供专业的服务。南方航空公众号可以让用户将明珠会员服务和微信号绑定起来。用户可以通过该公众号预订机票、查询订单，甚至办理登机牌。

3. 广东联通

图 2.3.39　广东联通微信公众号

你可以在微信里绑定手机号、积分流量，套餐余量、手机上网流量，微信专属流量查询，客服咨询。广东联通公众号可以绑定手机号，来查询流量、套餐等功能。

广东联通更与微信深度合作，购买微信沃卡可以获得微信五大特权。

微信公众平台的开发模式有类似 App 的功能，在微信公众号上得以实现。现在比较流行的 HTML5 和 JS 等大众应用，基本可以满足需要实现的功能，具体的实现方法可以参考本书第三章与第五章。具体内容可以参考微信开发工具的相关文档。如图 2.3.40 所示。

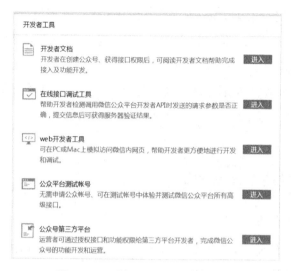

图 2.3.40 微信公众平台开发者工

2.4 微信小程序

微信小程序，简称小程序（缩写 XCX，英文名 mini program）是一种不需要下载安装即可使用的应用。

2016 年 9 月 21 日，微信小程序正式开启内测。在微信生态下，触手可及、用完即走的微信小程序引起广泛关注。腾讯云正式上线微信小程序解决方案，提供小程序在云端服务器的技术方案。2016 年 1 月 11 日，微信之父张小龙时隔多年的公开亮相，解读了微信的四大价值观。张小龙指出，越来越多的产品通过公众号来做，因为这里开发、获取用户和传播成本更低。拆分出来的服务号并没有提供更好的服务，所以微信内部正在研究新的形态，叫"微信小程序"。2017 年 1 月 9 日，张小龙在 2017 微信公开课 Pro 上发布的小程序。万众瞩目的微信第一批小程序正式低调上线，用户可以体验到各种各样小程序提供的服务。

微信小程序是一种不需要下载安装即可使用的应用，它实现了应用"触手可及"的梦想，用户扫一扫或者搜一下即可打开应用。也体现了"用完即走"的理念，用户不用关心是否安装太多应用的问题。应用将无处不在，随时可用，但又无需安装卸载。对于开发者而言，小程序开发门槛相对较低，难度不及 App，但能够满足简单的基础应用。小程序能够实现消息通知、线下扫码、公众号关联等七大功能。其中，通过公众号关联，用户可以实现公众号与小程序之间相互跳转。

小程序全面开放申请后，主体类型为企业、政府、媒体、其他组织或个人的开发者，均可申请注册小程序。小程序、订阅号、服务号、企业号是并行的体系。

2.4.1 微信小程序的结构

1. 微信小程序的入口

微信小程序的入口主要通过二维码扫描获得。获得之后通过微信"发现"可以看到"小程序"入口。如图2.4.1所示，分别显示了小程序的入口，附近的小程序，以及农业银行的小程序界面。使用微信小程序要求微信客户端在6.5.3版本以上。

图 2.4.1 微信小程序入口

2. 服务架构

学习微信小程序，不需要特定的后台编程语言，也不需要特定的数据开发。后台数据的操作主要通过第三方平台的项目接口实现，后台数据是由专门的后台人员来完成。微信小程序主要是前端的数据开发，学会调用系统接口即可。

接口分为两种，一种是微信公众平台提供的系统接口，该接口相当于一个工具，可以把第三方数据从接口引入。因此，微信小程序即是开发客户端，调用系统和第三方平台的项目接口，以求达到像原生 App 程序一样，满足用户对各种数据的操作，并且不占用手机本身的存储空间。服务架构见图 2.4.2。

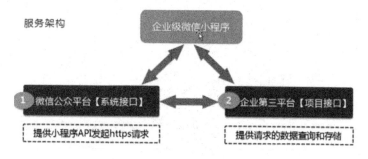

图 2.4.2　小程序服务架构

3. 开发框架

微信团队为小程序提供的框架命名为 MINA 应用框架，框架分为三个部分：视图层，逻辑层，同步数据交互。框架的核心就是一个"响应的数据绑定系统"，让数据和视图非常简单的保持同步，开发者可以很方便地使用微信客户端提供的基础功能构建企业应用。

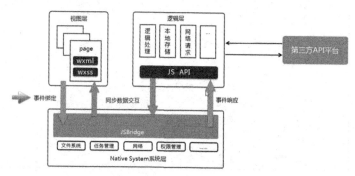

图 2.4.3　小程序开发框架

2.4.2　微信小程序开发

开发微信小程序需要先安装微信开发者工具。微信开发者工具可以从微信官网下载 https：//mp. weixin. qq. com/debug/wxadoc/dev/devtools/download. html。下面我们就来快速编写一个微信小程序。

1. 运行开发工具

打开微信小程序开发者工具（如图 2.4.4 所示），并且使用手机微信扫描二维码登录。

图 2.4.4　小程序开发者工具

2. 添加 App 项目

创建小程序需要先添加项目，并设置 APPID，项目名称和项目目录。目前属于学习阶段 APPID 可选择无 APPID，并勾选在当前目录中创建 quick start 项目。如图 2.4.5 和 2.4.6 所示。

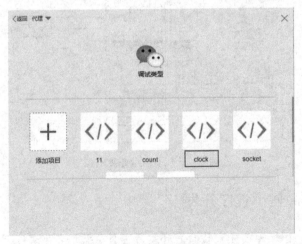

图 2.4.5　添加项目界面

图 2.4.6　添加项目参数界面

3. 开发环境界面

微信开发者工具单元开发环境界面主要分为四个部分：导航菜单区，项目效果预览区，项目目录，代码编写区。项目效果预览区中显示的"Hello World"就是当前开发环境自动添加的小程序的显示效果。

图 2.4.7　开发环境界面

4. 项目目录与文件组成结构

小程序的总体结构包含 2 个根目录文件夹（pages、utils）和 3 个根文件（app. js、app. json、app. wxss）。如图 2.4.8 所示。

（1）程序配置文件

配置文件一般是固定不能变化的，不可以随便修改。

①app. js：小程序的主逻辑文件，用来监听并处理小程序的生命周期函数、全局变量等。

②app. json：主配置文件，对整个小程序的全局配置，配小程序的页面组成、窗口背景、导航条样式。这个文件中不能添加任何注释。

③app. wxss：整个小程序公共样式表，这部分可以根据需要修改。

图 2.4.8　项目目录界面

（2）程序页面文件

程序页面文件可以根据需要增加

①index. js：小程序的主页面，启动后首先执行的。

②index. wxml：小程序布局文件，相当于 HTML 页面布局文件。

③index. wxss：当前小程序样式表，决定 wxml 页面的显示效果。相当于 HTML 的 css 样式文件。

④index. json：当前页面的配置文件。只能配置 Windows 配置项，以决定当前窗口的表现。

（3）公共代码文件

utils. js：存放公共的 js 代码和全局函数的设定，开发者可以根据需要添加其他目录。

（4）日志文件

logs. js：当前信息的记录。

5. 小程序运行

在相应的程序页面文件中添加控件或修改内容后保存，即可在项目效果预览区看到编辑后的程序显示效果。

2.4.3　微信小程序实例

实例 1. 计时器小程序设计

设计一款计时器小程序，界面中包含一个文本框和一个按钮组件。当程序运行，计时开始；当点击停止按钮，停止计时。小程序效果图如图 2.4.9 所示。

图 2.4.9　计时器小程序界面

①按照 2.4.2 节中微信小程序开发流程，打开微信小程序开发者工具，扫描二维码登录后，先添加小程序项目，并设置 APPID，项目名称和项目目录等参数，创建名为 clock 的小程序项目，如图 2.4.5（"clock"框矩形）所示。

②在 app. json 中修改配置小程序界面的导航条样式，修改默认导航条背景颜色（navigationBarBackgroundColor）和导航条文本（navigationBarTitleText）属性值，获得导航条黄色背景颜色和"计时器"文本内容。程序代码如下：

```
{
    "pages": [
        "pages/index/index",
        "pages/logs/logs"
    ],
    "window": {
        "backgroundTextStyle": "light",
        "navigationBarBackgroundColor": "#f6f314",
        "navigationBarTitleText": "计时器",
        "navigationBarTextStyle": "black"
    }
}
```

③在 index. wxml 中设置布局文件，添加一个 text 类型的文本框和一个 button 类型的按钮组件，程序代码如下：

```
<! - - index. wxml - - >
<text class = "timer" > { {timeText} } </text >
<button class = "btstop" bindtap = "stop" >停止 </button >
```

④在 index. wxss 中设置界面中文本框的样式表（. timer）：字体大小（font - size）、颜色（color）、边框（margin）等；停止按钮的样式表（. btstop）：边框（margin）、背景（background），确定页面的显示效果。

```
/ * * index. wxss * */
.  timer  {
    color：orangered；
    flex：1；
    font - size：60rpx；
    margin - top：150rpx；
    margin - left：150rpx；
}
.  btstop  {
    margin：80rpx；
    background：#FAE738；
}
```

⑤在 index. js 中编写计时器代码。设置系统计时器 timer 对象，开始计时；编写 move 函数，每间隔 1 秒钟计时器使文本框数字累加一次；编写 zeroFill 函数，使文本时间按照 00：00：00 格式正确显示。编写 stop 函数，当停止按钮被点击时，清除计时器，使文本框数字停止计时。程序代码如下：

```
/ * * index.  js * * /
var add = 0；//计数器
var hour = ´´；//小时
var minuts = ´´；//分钟
var second = ´´；//秒
var timer = ´´；//计时器
Page （ {
data：{
timeText：' '//计时器文本框
}，
onLoad：function （）{
this.  move （）；
```

```
//计时开始 每1000毫秒, 即1秒钟跳一次
timer = setInterval (this. move, 1000); //设置系统计时器
},
move () {
hour = this. zeroFill (´ + parseInt (add / 3600 % 24), 2);
minuts = this. zeroFill (´ + parseInt (add / 60 % 24), 2);
second = this. zeroFill (´ + parseInt (add % 60), 2);
//赋值给计时器文本框 text 内容
this. setData ( {
timeText: hour + ´: ´ + minuts + ´: ´ + second
});
add + +; //计数器递增
},
stop: function () {
clearInterval (timer); //当点击停止按钮时清除计时器。
},
//补零方法, str 为数字字符串 n 为需要的位数, 不够补零
zeroFill (str, n) {
if (str. length < n) {
str = 0´ + str;
}
return str;
}
})
```

⑥保存修改的各个文件, 可以获得如图 2.4.9 所示的程序效果。用类似的方法, 可以设计倒计时的计数器。

思考题

1. 微信公众平台的分类有几种？

2. 经过认证和未经过认证的微信公众号在功能上有哪些主要区别？

3. 具有"原创声明"功能的微信公众号有哪些特权？这些特权具体的实际意义是什么？

4. 微信公众号可以实现哪些经济效益？

5. 设计一款微信小程序。

第 3 章　移动媒体 UI 设计

3.1　UI 设计的基本概念

UI 即 User Interface（用户界面）的简称。UI 设计是指对软件的人机交互、操作逻辑、界面美观的整体设计。好的 UI 设计不仅是让软件变得有个性有品味，还要让软件的操作变得舒适、简单、自由，充分体现软件的定位和特点。

1. UI 设计的内涵

其实 UI 设计就像工业产品中的工业造型设计一样，是产品的重要买点。一个友好美观的界面会给用户带来舒适的视觉享受，拉近人与设备的距离，为商家创造卖点。

2. UI 设计的核心

UI 交互设计，是一种如何让产品易用、有效而让人愉悦的技术。它致力于了解目标用户和他们的期望，了解用户在同产品交互时彼此的行为，了解"人"本身的心理和行为特点，同时，还包括了解各种有效的交互方式，并对它们进行增强和扩充。交互设计还涉及多个学科，以及和多领域多背景人员的沟通。

人机交互科学是跨学科的科学，包括了计算机科学，心理学，社会学，人类学，以及工业设计。本教材中重点讨论移动媒体的界面设计。

3. UI 设计的重要性

UI 设计所倡导的是可用、易用，及舒适的人机互动体验，这对使用者来说是一个长期的感知过程，它不会像产品的其他外在因素一样马上被用户发现，但如果商家忽略 UI 设计，那将使产品冠上消极的印象并在长时间内很难消除。

UI 设计的优势在产品竞争中扮演的重要角色是无庸置疑的。但是，这种优势实现和意识都是长期性的，而非短期行为。它意味着需要相当长的时间让客户了解到，但是一旦形成此种心理上的优势，就会在很长的时间内存在，会将易用的心理暗示代入整个产品的后续开发甚至整个品牌。

4. UI 设计的用户

我们可将用户大致分为两种：以过程为主的用户（process oriented end user），以结果为主的用户（result oriented end user）。

过程为主的用户的典型例子是电玩族，他们追求的终级目标就是视觉听觉的冲击和享受，最终游戏的结果反而变得不是那么重要了。此类设计对视觉和创意的要求是极为挑剔的，与结果为主的用户设计相比，它的市场和受众都要小的多。

结果为主的用户不在乎用什么样的方式完成任务，但是任务必须以最短的时间，以最简洁的方式，最精确的运算结果来完成。这些用户通常是工业化软件的受众，工作环境以大型企业为主，软件最终运算结果对于企业的运行和管理有着重大的意义，稍有偏差，可能会对企业产生重大损失。对于此类用户的产品设计人员来讲，绝大部分部分时间可能用在设计任务的逻辑流程（logical task flow），以期最大幅度的符合人脑的思考方式和认知过程（cognitive process）。

5. UI 设计好坏的判断

UI 设计的好坏，必须设定一个任务，从头至尾使用一遍才能知道。UI 的概念是动态的过程，是逻辑的推理，也是各种状况的预测。如何衡量 UI 设计只有一种标准，那就是用户体验（User Experience）。用户体验是以用户为中心的设计（UCD/User Centered Design）中最重要的一个部分，强调的是过程，是软件对用户行为（User Action）产生的反应与用户期待值的误差测试。这种误差越小，也就越符合以用户为中心的设计原则。

3.2 UI 设计的分类

UI 设计的载体方式有两种，分别为 WUI（Web User Interface）即网页界面设计和 HUI（Handset User Interface）手持设备界面设计。

　　手机作为移动媒体客户端必不可少的随身电子科技产品，以其附带的强大功能和多样化软件满足人们在工作与生活方面面的需求。因此，移动媒体界面的界面设计在 UI 设计市场上的应用更广更频繁。

　　UI 设计具体从设计流程上又分为图形界面设计（GUI）和交互设计（ID）。

　　用户界面设计可分为感觉和情感两个层次。用户界面设计是屏幕产品的重要组成部分。界面设计是人与机器之间传递和交换信息的媒介，包括硬件界面和软件界面，是计算机科学与心理学、设计艺术学、认知科学和人机工程学的交叉研究领域。近年来，随着信息技术与计算机技术的迅速发展，网络技术的突飞猛进，人机界面设计和开发已成为国际计算机界和设计界最为活跃的研究方向。

　　交互设计（Interactive Design）目的是使产品让用户能简单使用。任何产品功能的实现都是通过人和机器的交互来完成的。人的因素应作为设计的核心被体现出来。人和机器的互动过程（Humanmachine Interaction）中，有一个层面，即我们所说的界面（interface）。

　　交互设计的定义是人工制品，环境和系统的行为，以及传达这种行为的外形元素的设计与定义。具体展开来解释，交互设计是指人与产品或者服务之间互动的一种机制，并对这种机制进行分析、定义、预测、描述、规划的过程。用户体验则是交互设计的核心基础，交互设计必须要预判并考虑三个重要的类别，以突显交互设计的特点，分别是①用户的年龄层；②用户对于产品的使用经验；③在操作过程中用户的感受；从而设计出符合不同年龄段或不同阶层的用户的产品需求，使用户在使用产品的过程中感受到愉悦，并且符合用户自身的操作习惯，更为重要的是能够使得用户有效，甚至高效的使用产品，在感受到方便快捷的同时也够获得良好的体感互动体验。任何产品功能的实现都是通过人和机器的交互来完成的。人的因素应作为设计的核心被体现出来。

　　本书中因篇幅有限，仅以图形界面设计的方向出发展开讨论。

3.3 GUI 设计的原则

3.3.1 图形用户界面设计的原则

以用户为中心的设计原则主要包括以下一些方面。

1. 简易性

界面的简洁是要让用户便于使用、便于了解产品，并能减少用户发生错误选择的可能性。如图 3.3.1 所示。

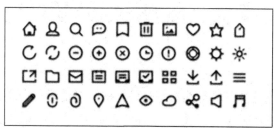

图 3.3.1 UI 图标设计简洁易懂

2. 美观性

美观的界面会给人带来舒适的视觉享受，拉近人与商品的距离。

3. 记忆负担最小化

人脑不是电脑，在设计界面时必须要考虑人类大脑处理信息的限度。人类的短期记忆有限且极不稳定，24 小时内存在约 25% 的遗忘率。所以对用户来说，浏览信息要比记忆更容易。

4. 一致性

它是每一个优秀界面都具备的特点。界面的结构必须清晰且一致，风格必须与内容相一致。如图 3.3.2 所示。

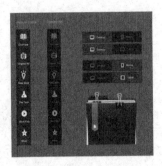

图 3.3.2　UI 图形界面风格一致性

5．清楚性

在视觉效果上便于理解和使用。如图 3.3.3 所示。

图 3.3.3　UI 图形界面图标设计清楚

6．安全性

能自由地做出选择，所有选择都是可逆的，对危险的选择要介入。

7．从用户习惯考虑

UI 设计应想用户所想，做用户所需。多数时候，用户总是按照他们自己的方法理解和使用。因此设计师需通过比较两个不同世界（真实与虚拟）的事物，完成更好的设计。如图 3.3.4 所示。

图 3.3.4　设计计算器界面与实物比较

8．排列

一个有序的界面能让用户轻松地使用。

3.3.2　交互设计（ID）的设计原则

①有清楚的错误提示。误操作后，系统提供有针对性的提示。

②让用户控制界面。"下一步"、"完成",面对不同层次提供多种选择,给不同层次的用户提供多种可能性。

③提供多种可能性。允许兼用鼠标和键盘。同一种功能,同时可以用鼠标和键盘。

④允许工作中断。例如用手机写新短信的时候,收到短信或电话,完成后回来仍能够找到刚才正写的新短信。

⑤使用用户的语言,而非技术的语言。

⑥提供快速反馈。给用户心理上的暗示,避免用户焦急。

⑦方便退出。如手机的退出,是按一个键完全退出,还是一层一层地退出。提供两种可能性。

⑧导航功能。随时转移功能,很容易从一个功能跳转到另外一个功能。

⑨让用户知道自己当前的位置,方便其做出下一步行动的决定。

3.3.3　视觉设计的原则

用户界面设计中有一部分要用到视觉设计原则和方法,以求更大程度地实现移动媒体的美观灵活以及实用的效果。因此,必须在结构设计的基础上,参照目标群体的心理模型和任务达成进行视觉设计,包括色彩、字体、页面、排版、动画等。视觉设计要达到用户愉悦使用的目的。视觉设计要遵循以下原则:

①界面清晰明了。允许用户定制界面。

②减少短期记忆的负担。让计算机帮助记忆,例如:User Name,、Password、IE 进入界面地址可以让机器记住。

③依赖认知而非记忆。如打印图标的记忆、下拉菜单列表中的选择。

④提供视觉线索。图形符号的视觉的刺激;GUI (图形界面设计):Where, What, Next Step。

⑤提供默认 (default)、撤销 (undo)、恢复 (redo) 的功能。

⑥提供界面的快捷方式。

⑦尽量使用真实世界的比喻。例如:电话、打印机的图标设计,尊重用户以往的使用经验。

⑧完善视觉的清晰度。条理清晰；图片、文字的布局和隐喻不要让用户去猜。

⑨界面的协调一致。如手机界面按钮排放，左键肯定，右键否定，或按内容摆放。

⑩同样功能用同样的图形。

⑪色彩与内容。整体软件不超过 5 个色系，尽量少用红色、绿色。近似的颜色表示近似的意思。

由此，大家可以清楚地发现，UI 设计是一个非常科学的推导公式，他有设计师对艺术的理解感悟，但绝对不是仅仅表现设计师个人的绘画。所以我们一再强调这个工作过程是设计过程，但更是一个科学的推演过程。

3.4 UI 设计的开发流程

本教材将以一款美食 App 为例，做 UI 设计流程的讲解。进行 UI 设计要有一套完备的开发流程。如图 3.4.1 所示。

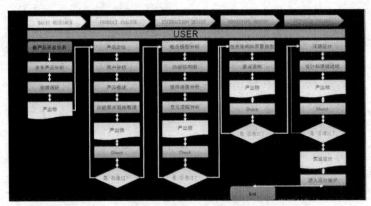

图 3.4.1 UI 设计流程

3.4.1 第一阶段：基础调研

进行某款产品的 UI 设计，前期的调研非常重要。操作流程如下。

1. 竞争产品分析

寻找市场上的竞争产品，挑选几款进行解剖分析。整理竞争产品的功能规格；并分析规格代表的需求，需求背后的用户和用户目标；分析竞争产品的功能结构和交互设计，从产品设计的角度解释其优点、缺点及其原因，成为我们产品设计的第一手参考资料。

如图 3.4.2、3.4.3 和 3.4.5 所示，拟模拟开发项目为"半塘"食品类 App。在此之前做竞争产品调研，分别调研"饿了么""糯米网""大众点评网"等类似网站，并做对比分析。

目标用户特证表		
产品名称	饿了么	
概述用户核心特征	拥有智能终端设备或电脑，想足不出户、便捷订餐的人	
1 级分类	2 级分类	用户特征描述
基础属性	性别	不限
	年龄	18—35 为主
	文化程度	高中以上为主
	人种	黄种人
	语种	中文
	国家	中国
	民族	不限
	职业（退休、上班族、学生、无业……）	学生、上班族居多
	地域（一/二/三线城市、城镇、农村……）	一二三线城市、大城镇
	行业（制造业、IT 业、互联网……）	学生居多
经济属性	经济收入	不限
	可支配收入	100 以上
	付费敏感度	中
文化属性	智力水平	正常
	所处文化圈（学生、白领、蓝领、农民工……）	学生、白领居多
	个性化需求	有
硬件属性	拥有设备	智能手机、PC、PAD

模块	一级功能	二级功能	重要性	备注说明
主界面	切换地点		必须要有	
		搜索地点	必须要有	
		自动定位	建议要有	
	设置送达时间		必须要有	上下滑动选择时间
	搜索餐厅名		建议要有	
		搜索结果提示	建议要有	
	口味设置		必须要有	中式、西式、日式等口味
		自动刷新餐厅	建议要有	
	排序设置		必须要有	评价最高、销量最大、速度最快等
		自动刷新餐厅	建议要有	
	支付方式设置		必须要有	免配送费、在线支付、支持开发票等
		自动刷新餐厅	建议要有	
	显示餐厅列表		必须要有	
		上拉刷新	必须要有	
		显示销量	必须要有	
		显示餐厅评价	必须要有	
		促销消息推送	必须要有	
餐厅主页		结果提示	必须要有	
	菜单分类设置		必须要有	套餐、盖浇饭、饮料等
		菜单推送	必须要有	
		显示菜单数量	必须要有	
	餐厅介绍		必须要有	
		收藏	必须要有	
		信息显示	必须要有	评分、公告、简介等
	美食墙		建议要有	
		添加喜欢	建议要有	
		分享	建议要有	
		查看评价	建议要有	
		外卖预定	必须要有	
	订餐		必须要有	
		选择菜单	必须要有	
		设置数量	必须要有	
		提交订单	必须要有	
		删除订单	必须要有	

图 3.4.2 "饿了么"相关调查表

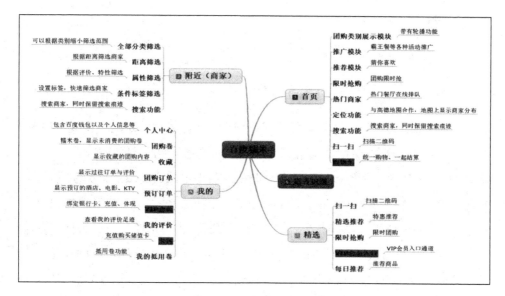

图 3.4.3 百度糯米 App 结构

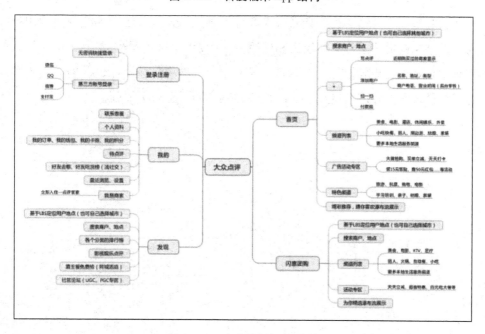

图 3.4.4 大众点评 APP 结构

2. 领域调研

结合上述分析基础和资料，纵观领域竞争格局、市场状况，利用网络论坛、关键字搜索等手段，获得更多用户的反馈、观点和前瞻性需求。

3. 产出物

写出相应的对比分析文档和领域调研报告。

3.4.2 第二阶段：产品分析

产品分析阶段需要从产品定位、用户分析、产品概述、功能需求规格整理、产出物结果评测等方面对产品做全方位定义，以确定最后产品风格和内容。

"产品定位"从软件提供者的角度分析产品推出的意义和重点关注的方面，实际考量、丰满决策层的 idea，明确列出产品定位，通过讨论修缮取得决策层的认可。"用户分析"结合竞争产品的分析资料，采用定性分析的方法，获得对产品目标用户在概念层面的认识。"产品概述"需要以软件提供的身份，以最简短的文字，向用户介绍产品，突出产品对用户的价值。避免功能点的简单罗列，而应该在归纳总结的基础上突出重点。"功能需求规格整理"在归纳关键功能的基础上，结合竞争产品规格整理的领域认识，从逻辑上梳理需求规格列表，重在逻辑关系清楚、组织和层级关系清晰。同时，需要划定项目（设计和研发）范围，以期设计更加精准、到位。"产出物"需要经过前面所有步骤对用户分析文档和产品概述、功能规格列表。如图 3.4.5 所示。

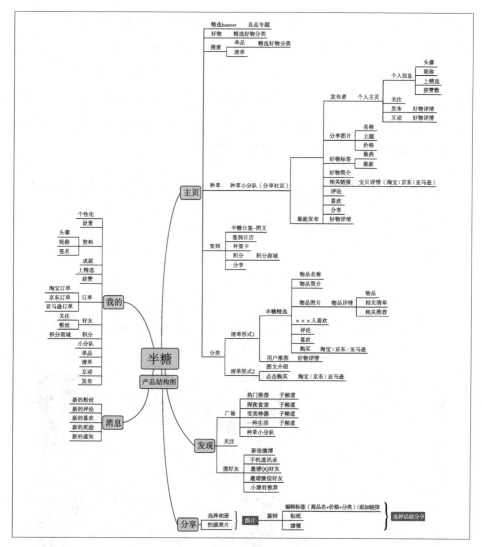

图 3.4.5　"半塘" App 第二阶段产出物

3.4.3　第三阶段：交互设计（功能结构和交互流程设计）

交互设计阶段需从产品概念模型分析、功能结构图、使用场景分析、交互流程分析等方面设计。

从产品功能逻辑入手，结合对常见软件的经验积累和竞争产品的认识，加上对用户的理解，为产品设计一个尽量接近用户对产品运行方式理解的概念模型，成为产品设计的基础框架。建立"功能结构图"要在产品概念模型的基础上丰富交互组件，并理顺交互组件之间的结构关系。"使用场景分析"时需要模拟典型用户执行关键功能达到其目标的使用场景；进行"交互流程分析"时需要模拟在上述概念模型和功能结构决定的产品框架之中，支持使用场景的关键操作过程（即鼠标点击步骤和屏幕引导路径）；经过上述步骤后"产出物"是以产品设计文档的交互设计部分呈现。由于交互设计需要系统工程并设计相关程序编写和调试，这部分内容将在第四章中探讨。

3.4.4 第四阶段：原型设计（信息架构和界面原型设计）

在此阶段需要进行信息架构和界面原型设计。

设计产品界面中应该包含的控件数量和类型、控件之间的逻辑和组织关系，以支持用户对控件或控件组所代表的功能的理解，对用户操作的明确引导；所有界面设计成为一套完整的可模拟的产品原型。在这里需要对设计要点进行说明，帮助受众对设计的理解。第四阶段产出物为产品设计文档的原型设计部分。如图 3.4.6 所示。

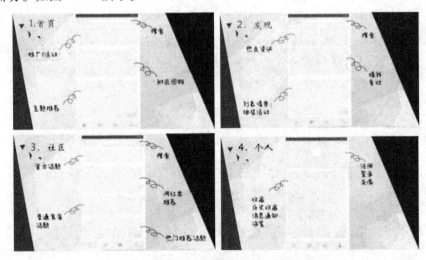

3.4.6 半塘"App 界面原型设计示意图

3.4.5 第五阶段：详细设计（详细设计和伪代码编写）

在详细设计阶段需要完善设计细节、交互文本和信息设计（Message box）。设计和逻辑说明对界面控件、控件组、窗口的属性和行为进行标准化定义，梳理完整的交互逻辑，用状态迁移图或伪代码形式表示。

3.4.6　第六阶段：设计维护（研发跟踪和设计维护）

这是移动 APP 设计的最后阶段，需要进行研发跟踪并进行设计维护。同时还需要进行语言文档整理。当设计通过评审之后，把产品中所有的交互文本整理成 excel 文档，预备研发工作，研发跟踪维护。进入研发阶段后负责为研发工程师解释设计方案、问题修改、文档完善、Bug 跟踪等。

综上所述为一个移动媒体类产品研发的完整的 UI 设计及流程。最后的界面设计部分结果如图 3.4.7 所示。

通过以上的分析，我们不难知道 UI 在手机产品中的作用。事实上，我们要做的就是坚持一个原则，那就是创新，解放自己的思想，实事求是地不断解决产品中的各种问题，以团队的形式来解决各种问题。在产品前期规划、市场定位、产品战略、产品外观设计概念、外观设计方案确认、产品推广、产品包装、产品广告、产品说明书、产品售后服务等各个环节中，建立系统的工作机制，以此达到塑造产品产异化、品质感和提升产品附加价值的重要作用！下面的章节将以安卓手机"魔秀"软件为例，讲述一个完整的手机主题界面的设计过程。

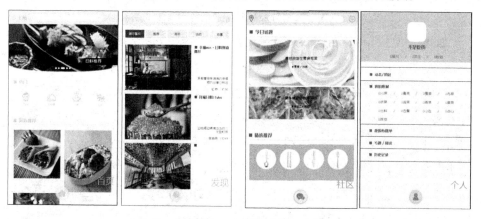

3.4.7　"半塘"App 界面设计部分效果图

3.5　基于"魔秀"制作软件的手机主题界面 GUI 设计

Android 的智能手机已成为市场的领跑者，拥有很大比例的市场用户群体，不断发展过程中，系统设计不断完善，设计元素不断扩充，设计群体不断扩大。

"魔秀"主要为广大手机用户提供手机主题在线制作服务，全面支持An-droid 各大品牌手机主题在线制作。通过"魔秀"，能制作近 60 个系列、600 多款手机的手机主题。用户只需登录，选取自己的手机机型，进入相应制作页面，上传自己图片，简单几步就可以生成一个完全属于自己的手机主题。提供给用户全新的制作体验，良好的服务，给予用户完全自主的空间，能够充分发挥用户的想象力。

 免费主题
大量免费的绿色主题，无需任何费用即可使用最新最炫的魔秀主题，让你的手机从此拒绝平凡享受瞩目。

 主题制作
图标壁纸随意搭配，主题风格随心改，只需一分钟即可深度定制专属于自己的手机主题，个性随心毫无拘束。

 海量主题
海量主题任你挑选，时尚个性的主题资源应有尽有，让你的手机天天都有新一面，每天都有新感觉。

 个性桌面
图标风格自由变换，贴心部件随意摆放，全面打造最个性的桌面，让你的桌面更个性，更耀眼。

 分享创意
分享你的个性，发挥你的想法，亿万用户都是你的粉丝，快来分享你的个性，分享你的不同，享受明星般的感觉。

 便捷操作
酷炫十足的动画效果，整洁干净的桌面图标，十分流畅的滑动体验，让你的手机更抢眼，告别单调与平凡。

图 3.5.1 "魔秀"手机主题制作软件首页界面

如图 3.5.1 所示，即为该制作软件的首页在线制作界面，两大最主要的功能便在免费主题和主题制作当中，点击免费主题，进入界面后有海量不同分类主题，用户自行勾选手机机型筛选出匹配机型的主题，然后可根据不同分类进行挑选，如女生类、军迷类、手绘类等，选中主题一般是一个完整的主题包，扫描二维码或者点击下载至手机，然后后台软件运行，进行安装即可把原界面主题完全更换成下载的整套主题，如主题界面、锁屏界面、菜单界面、图标、功能栏。而点击主题制作，便可以进行主题 DIY 制作。详细的制作过程会在3.5.1 中重点阐述和介绍。

3.5.1 手机主题界面制作过程

在制作时选择在线制作，有很明显的两个好处，其一是不必下载软件和素材库，作为用户，我们都清楚地知道，下载附带软件的软件库会非常占用系统空间，更何况这是一款主题界面制作软件库，意味着里面有大量的图片素材，所以可能需要 2GB—2.5GB 的容量来放置，并且还需要定时更新软件库，下载新的素材。如果用在线制作，就无需耗费如此大的空间来放置软件。其二，在线素材库基本每天都会进行更新，收纳更多高品质的素材和设计，使用在线制作，随时都可以调取所需的各式各样的素材，而且制作完成以后可以直接填写标签，进行一键分享，同时，在线制作网页会自动生成二维码，供用户扫描下载，非常的方面快捷，有利于更多更好的设计的发展。图 3.5.2 所示的是"魔秀"软件制作手机界面流程图。

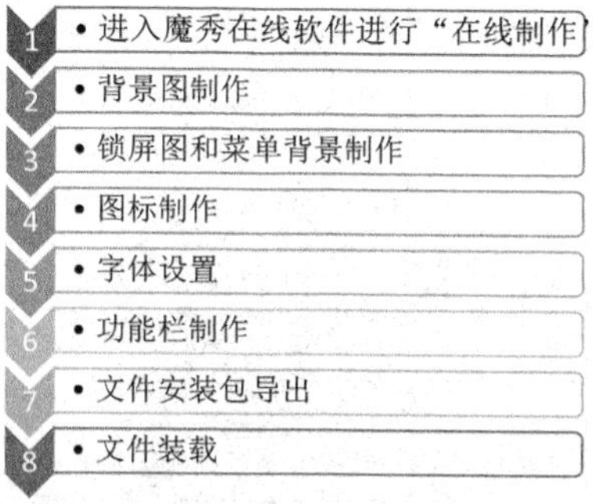

1. 进入魔秀在线软件进行"在线制作"
2. 背景图制作
3. 锁屏图和菜单背景制作
4. 图标制作
5. 字体设置
6. 功能栏制作
7. 文件安装包导出
8. 文件装载

图 3.5.2　魔秀 Android 手机主题界面制作流程图展示

1. 背景图制作过程——页面划分

图 3.5.3　主题背景效果图和菜单背景效果图

进入"魔秀"在线软件，或者手机应用软件，点击"在线制作"，并选择"高级选项"，网页跳转至主题界面制作。制作过程开始前，如有需要可打开 Photoshop 软件，自行设计所需主题背景图样，可根据用户自己想要的风格进行设计和排版。如图 3.5.3 所示。如果保存过程中使用了很高的分辨率保存，在上传过程中可能会将图片的高分辨率降低为低分辨率上传，但是并不会影响视觉效果，因为手机屏幕较小，所以只要不是特别精细的涉及细线的设计，一般不会丢失设计信息。当然，如果在制作之前，就将图片的分辨率设置为 72dpi 或者在保存时选择精度不高的保存方式，就不会有上传信息损失的情况出现。

菜单背景制作。菜单背景是指在触按 HOME 键以后，会出现的存放所有手机 App 的页面，简单的来说，通过优先级的划分布局，用户会习惯于将常用的软件置于主题界面上，而有用却不常用的软件就会被摆放在菜单之中，这样既不会因为大量的软件放在首页而影响开机速度，在有需要的时候，也能够很方便的找到所需的软件，如图 3.5.2 所示。

图 3.5.4 锁屏效果图

锁屏图制作。锁屏页是指手机待机以后或者一键锁屏以后重新开启时所在的页面，用户在此页面可以通过输入密码或者通过不同的互动体验，划走或者划开锁屏页，进入主题桌面页。可用软件图库中所提供的不同图片，同样也可使用 Photoshop 软件进行制图，或者直接采用魔秀库存软件图。图 3.5.4 所示的是锁屏图的效果图。

2. 背景图制作过程——尺寸设置和格式保存

如果用户使用 photoshop 自行制作主题背景图、锁屏图和菜单图，设置的大小和保存的格式有具体数据限制，当然彼此之间的数据也略有差异。制作主题背景图，设置图片大小为 1440px × 1280px，在设计完成之后存储为 PNG. 格式和 JPG. 格式。回到在线制作页面，锁定至主题界面设计页，在设计屏幕框上点击上传图片的选项，将刚才制作的图片上传至软件中。制作锁屏图，设置其底图大小为 720px×1280px，设计完成之后存储为 PNG. 格式和 JPG. 格式同样的方法上传即可。制作菜单图，设置其底图大小为 720px×1280px，设计完成之后存储为 PNG. 格式和 JPG. 格式同样的方法上传即可。如图 3.5.5 所示，即为锁屏在魔秀软件中的制作。

在上述的阐述中，我们可以发现，储存格式均为 PNG. 格式或 JPG. 格式，但是图样的大小却不同，主题背景图较大的原因是，安卓智能手机的主题背景页一般也有 3—7 页不等，较大的主题背景页可以保证在滑动的过程中看到整幅图，而停在某一页时可以看到图的局部，这样可以增加的用户在滑动时的体验感，也使得用户在制作时不必烦恼将一个画幅较长但是用户又很难取舍的图进行裁切，只需整图导入即可。

图 3.5.5　锁屏图在魔秀软件中制作过程

3. 图标制作过程——尺寸设置

交互图标可进行单独选择和制作，如果用户对图标样式不满意，亦可在 Photoshop 软件进行制图，设置其底图大小为 114px×114px，制作完成以后，导入图片，如图 3.5.6 所示，保存时要保存成 PNG 交错格式，这样可保证图标在导入以后没有方形的白底。如图 3.5.7 所示，图标设计为圆形，如果不保存为"交错"，上传以后就会存在方形的白色纸底，大大影响了图标原本的设计和美观。

图 3.5.6 Photoshop 图标制作

图 3.5.7 图标交错保存后上传效果图

4. 图标制作过程——蒙版

图标制作过程中，在线软件系统中的图标库有大量的图标可供选择，功能图标有不同主题的整套设计可供选用。

在软件中可进行后蒙版设置，如图 3.5.8 所示。加注后蒙版的作用，是同意规范图标的大小和形状，通俗一点来讲，后蒙版就相当于模子，可将用户自行设计的图案填充进去，但是为了美观和统一，就需要设置后蒙版，蒙版的样式和颜色不下百种，有透明壳状，有黑底布样式，有方格底样式等等，如图 3.5.9 所示。

图 3.5.8 前后蒙版设计界面

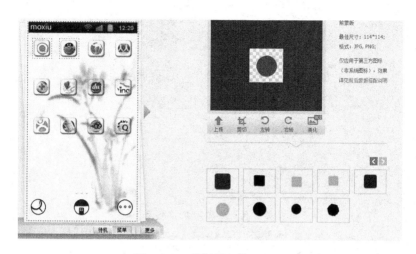

图 3.5.9　蒙版导入效果展示

　　前蒙版是指图标图像前的遮罩设计，该设计可以更加凸显图标的特殊视觉感受，可以让图标更加俏皮可爱，或者让图标更加立体。举一个简单的例子，如图 3.5.10 所示，以 QQ 图标为例，在图标的右上角或者左上角上加上很小的桃心，这一设计风格可能就会受到女生的喜爱；如图 3.5.11 所示，再以 QQ 图标为例，加的是透明玻璃壳型遮罩，会使得图标更加立体，更有光泽感。

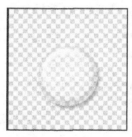

图 3.5.10　QQ 图标后蒙版设计展示　　　　图 3.5.11　QQ 图标前蒙版展示

5. 字体制作过程

　　字体设置，通过软件平台改变字体和字体颜色来与背景图和图标匹配，这是一种比较简单便捷的方式，可适用于每个用户进行 DIY 设计。目前魔秀软件暂不支持导入自行设计的字体库，但是其字体库的库存量也是相当丰富，如图 3.5.12 所示，可以满足大多数用户的使用。当然，字体颜色可以进行调整和选择，来于此配合整个主题风格，如图 3.5.13 所示。

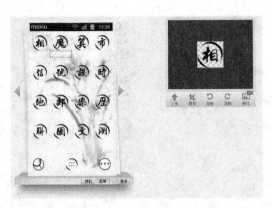

图 3.5.12　文字制作展示

图 3.5.13　文字颜色设置

6. 其他功能栏制作过程

　　功能栏制作，功能栏一般是指具有固定功能的固定栏。如下图所示为固定栏，常常置于手机主题页面的最下端，一般是电话，通讯录，短信息和网络。可直接使用图库中的图样，同样也可使用 Photoshop 软件进行制图，设置其底图大小为 245px×524px，如图 3.5.14 所示。设计完成之后只能存储为 PNG. 格式，应用效果图如图 3.5.15 所示。

图 3.5.14　功能栏制作过程图

图 3.5.15　其他功能栏设计效果图

3.5.2 魔秀软件主题设计导出及装载过程

制作完成以后进行保存，软件页面上便会呈现出所有设计图样并生成 apk 文件，可通过下载至电脑或者直接扫描二维码转载在手机中；在手机中装载"魔秀"手机客户端，如图 3.5.16 所示。点击＊.apk 文件，运行后点击"确定"便可替换所有手机界面主题，如图 3.5.17 所示。

图 3.5.16 导出方式展示　　　　图 3.5.17 apk 安装包生成效果图

其余两款主流软件，点心桌面和炫主题虽然比不上魔秀主题软件的知名度高，但是也是 Android 手机主题界面制作中备受用户喜爱的主流软件，简单易行且各具特色。

3.5.3 输出格式及系统兼容性

随着视觉享受和交互体验在 Android 智能手机中不断应用，以及广泛地得到用户的认可和喜爱，手机界面的认知被推进到了一个新的高度，工程师、设计师和编程人员更加注重对于传达过程、交互体验和结构搭建。但是，当时对于界面的兼容问题也是移动信息化应用发展的一个瓶颈。Android 手机不同品牌、不同型号的手机之间很难通用和分享优质的界面。不同品牌的手机在其官网上会定期发布专有制作软件，但是点击问津之人寥寥无几，不但是因为在打开官网页面制作的同时，还需要打开 themestudio、photoshop、imageready 等 3 个软件同时运行工作，对于图形、图像、文字、链接等的处理，并且官网全程制作使用英文且无翻译页面，对于中国市场而言就更是少有问津。再者，如果用户想要将制作完成的主题界面安装在自己的手机上，因其只支持 .sis 格式文件、.tsk 格式文件和 .hme 格式文件这 3 种类型的文件，并且 .tsk 格式文件和 .hme 格式文件需要拷贝进入存储卡的根目录下，才能够进行转载和运行调试，所以总体来说，繁复的步骤已经使得多数用户对其望而生畏，敬而远之。

在近些年的发展中，也突破了兼容性较差的瓶颈，平台连接已十分完备，在界面设计的过程中只需运行该设计软件即可，如有其他需要可再运行其他图形图像软件，并且将制作好的图形图像导入设计中也十分简便，储存为.jpg或者.psd格式，上传即可原图使用。制作完成以后，保存该制作网页会自动生成.apk文件，下载至手机或者进行二维码扫描便可自动进入手机，提示安装即可更换手机界面主题。因关照用户情感被提升到了一个新的高度，所以交叉融合和许多与心理学相关的学科知识，结合了认知心理学、格式塔心理学以及色彩心理学的相关知识和应用，更好的为用户添加多样化的，有趣的体验。图形设计成为了设计元素的良好载体，可以形成视觉图形体验，更重要的是，图形语义会更易于理解并且可以消除各国语言文字不同的障碍，更加便于用户体验。

思考题

1. UI 设计具体指哪两个方面设计？

2. GUI&ID 设计的基本原则分别是什么？

3. 一套完备的 UI 开发流程主要包含几个阶段？你认为最重要的阶段包括哪些方面？

第 4 章　HTML5

4.1　HTML 5 简介

HTML 为超级文本标记语言。它通过标记符号来标记要显示的网页中的各个部分。

网页文件本身是一种文本文件，通过在文本文件中添加标记符，可以告诉浏览器如何显示其中的内容，如：文字如何处理，画面如何安排，图片如何显示等。浏览器按顺序阅读网页文件，然后根据标记符解释和显示其标记的内容，对书写出错的标记将不指出其错误，且不停止其解释执行过程，编制者只能通过显示效果来分析出错原因和出错部位。

HTML 是一种可以发布信息到全球的语言，一种所有人和计算机都普遍理解的母语。

1. HTML 提供以下功能：

①发布包含文本、标题、列表、表格和图片等内容的文档。

②通过超链接获取线上信息。

③为终端用户建立可同远程服务器交互的表单，以进行搜索信息、预约行程和订购商品等操作。

④直接在文档中包含其他应用程序（的资源），如电子表格和音视频等。

HTML 本身并不是资源，而是万维网中资源与资源之间的"胶水"。它承载着图文内容，描述资源间的关系（超链接），粘含其他资源甚至程序。

超级文本标记语言文档制作不是很复杂，但功能强大，支持不同数据格式的文件镶入，这也是万维网（www）盛行的原因之一。

2. 主要特点

① 简易性：超级文本标记语言版本升级采用超集方式，从而更加灵活方便。

② 可扩展性：超级文本标记语言的广泛应用带来了加强功能，增加标识符等要求，超级文本标记语言采取子类元素的方式，为系统扩展带来保证。

③平台无关性：虽然个人计算机大行其道，但使用 MAC 等其他机器的大有人在，超级文本标记语言可以使用在广泛的平台上，这也是万维网（www）盛行的另一个原因。

④通用性：另外，HTML 是网络的通用语言，一种简单、通用的全置标记语言。它允许网页制作人建立文本与图片相结合的复杂页面，这些页面可以被网上任何其他人浏览到，无论使用的是什么类型的电脑或浏览器。

HTMl 并不是一门编程语言，不适合用于表达逻辑，但是十分适合作为结构化信息的载体。HTMl 并没有任何可以显示的东西，它只是承载了抽象意义上的一段信息，说明这段信息该怎样显示。

HTMl5 出现之前，移动设备虽然支持 Web，也能正常上网，但在访问体验上有一些问题，因为鼠标的缺失以及屏幕的变小。过去的 Web 是为桌面电脑设计的，现在用移动端小屏幕设备上 Web 网络，页面缩小，手指点触不准，格式错乱和速度缓慢等等问题接踵而至。为了使 Web 在移动设备上有更好的体现，设计出 WAP 协议并基于 XHTMl 定义了 WML，WML 使用 WMLScript 在客户端运行简单的代码。用以在移动设备上交换数据。但是，作为网站工程师必须开发和维护两套程序，一套为 PC 端，一套为移动端，还要学习一套新的标记语言 WMLScrip。

W3C 提出了 one web 的概念，用 HTMl 来整治这些疑难杂症，目的是让同一个网站在各种设备中都能良好地显示，HTMl5 向下兼容 HTMl 和 javascript，降低了程序员的学习成本，同时也降低了开发成本和维护成本，以求做到真正的程序与设备无关。

HTML5 的设计目的是为了在移动设备上支持多媒体。新的语法特征被引进以支持这一点，如 video、audio 和 canvas 标记。HTML5 还引进了新的功能，可以真正改变用户与文档的交互方式。HTML5 将会取代 1999 年制定的 HTML

4.01、XHTML 1.0 标准，以期能在互联网应用迅速发展的时候，使网络标准达到符合当代的网络需求，为桌面和移动平台带来无缝衔接的丰富内容。

3. HTML5 建立的一些规则

① 新特性应该基于 HTML、CSS、DOM 以及 JavaScript；

② 减少对外部插件的需求（比如 Flash）；

③ 更优秀的错误处理；

④ 更多取代脚本的标记；

⑤ HTML5 应该独立于设备；

⑥ 开发进程应对公众透明。

4. HTML5 新特性

① 用于绘画的 canvas 元素；

② 用于媒介回放的 video 和 audio 元素；

③ 对本地离线存储的更好的支持；

④ 新的特殊内容元素，比如 article、footer、header、nav、section；

⑤ 新的表单控件，比如 calendar、date、time、email、url、search。

5. 浏览器支持

最新版本的 Safari、Chrome、Firefox 以及 Opera 支持某些 HTML5 特性。Internet Explorer 9 将支持某些 HTML5 特性。

HTML 5 元素可拥有事件属性，这些属性在浏览器中触发行为，比如当用户单击一个 HTML 5 元素时启动一段 JavaScript。

6. HTML5 开发工具

HTML5 网页可以在纯文本的编辑环境里开发，但这种开发很费时间。有一些在线编辑 HTML5 网页的网站，特点是简单、易上手。本书中使用 Epub360 在线制作 HTML5 网页。

有很多公司已经推出了 HTML5 开发工具，帮助设计者开发 HTML5 网页。下面是几个 HTML5 开发工具介绍。本书中使用 Adobe Dreamweaver CC 举例。

① Adobe Dreamweaver CS6/CC。Dreamweaver CS6/CC 是世界顶级软件厂商 Adobe 推出的一套拥有可视化编辑界面，用于制作并编辑网站和移动应用程序

的网页设计软件。由于 Dreamweaver 支持代码、拆分、设计、实时视图等多种方式来创作、编写和修改网页，对于初级人员，可以无需编写任何代码就能快速创建 Web 页面。其成熟的代码编辑工具更适用于 Web 开发高级人员的创作。

② Adobe Edge。Adobe Edge 是一个用 HTML5、CSS、Java 开发动态互动内容的设计工具。它的一个重要功能是 web 工具包界面，用于方便确保在不同浏览器中架构的一致性，此外，Adobe Edge 还将整合 TypeKit 这样的字体服务。通过 Edge 设计的内容可以兼容 ios 和 Android 设备，也可以运行在火狐、Chrome、Safari 和 IE9 等主流浏览器上。

③ DevExtreme。DevExtreme Complete Subion 是性能最优的 HTML5，CSS 和 Java 移动开发框架，可以直接在 Visual Studio 集成开发环境，构建 ios，Android，Tizen 和 Windows Phone 8 应用程序。DevExtreme 包含 PhoneJS 和 ChartJS 两个原生 UI 组件，并且提供源代码。目前，DevExtreme 支持 VS2010/2012/2013 集成开发环境，兼容 Android 4 +、iOS5 +、Windows 8、Window Phone 8、Tizen 五大移动平台，是 Visual Studio 开发人员开发跨平台移动产品的首选工具。

④ JetBrains WebStorm。WebStorm 是 jetbrains 公司旗下一款 Java 开发工具。被广大中国 JS 开发者誉为"Web 前端开发神器""最强大的 HTML5 编辑器""最智能的 JavaS IDE"等。与 IntelliJ IDEA 同源，继承了 IntelliJ IDEA 强大的 JS 部分的功能。

⑤ Sencha Architect。在开发移动和桌面应用的工具中，Sencha 的定位是 HTML5 可视化应用开发。开发团队可以在一个单一集成的环境中完成应用的设计、开发和部署。开发者还可以开发 Sencha Touch2 和 Ext JS4 Java 应用，并实时预览。

7. HTML 5 标签及描述（按字母顺序排列）

① H5 新增的：

< article > 定义 article。

< aside > 定义页面内容之外的内容。

< audio > 定义声音内容。

< canvas > 定义图形。

< command > 定义命令按钮。

< datalist > 定义下拉列表。

< details > 定义元素的细节。

< embed > 定义外部交互内容或插件。

< figcaption > 定义 figure 元素的标题。

< figure > 定义媒介内容的分组，以及它们的标题。

< footer > 定义 section 或 page 的页脚。

< header > 定义 section 或 page 的页眉。

< hgroup > 定义有关文档中的 section 的信息。

< keygen > 定义生成密钥。

< mark > 定义有记号的文本。

< meter > 定义预定义范围内的度量。

< nav > 定义导航链接。

< output > 定义输出的一些类型。

< progress > 定义任何类型的任务的进度。

< rp > 定义若浏览器不支持 ruby 元素显示的内容。

< rt > 定义 ruby 注释的解释。

< ruby > 定义 ruby 注释。

< section > 定义 section。

< source > 定义媒介源。

< summary > 定义 details 元素的标题。

< time > 定义日期/时间。

< video > 定义视频。

② 和 H4 一样的：

< ！ − −... − − > 定义注释。

< ！ DOCTYPE > 定义文档类型。

< a > 定义超链接。

< abbr > 定义缩写。

< address > 定义地址元素。

< area > 定义图像映射中的区域。

< b > 定义粗体文本。

< base > 定义页面中所有链接的基准 URL。

< bdo > 定义文本显示的方向。

< blockquote > 定义长的引用。

< body > 定义 body 元素。

< br > 插入换行符。

< button > 定义按钮。

< caption > 定义表格标题。

< cite > 定义引用。

< code > 定义计算机代码文本。

< col > 定义表格列的属性。

< colgroup > 定义表格列的分组。

< dd > 定义定义的描述。

< del > 定义删除文本。

< dfn > 定义定义项目。

< div > 定义文档中的一个部分。

< dl > 定义定义列表。

< dt > 定义定义的项目。

< em > 定义强调文本。

< fieldset > 定义 fieldset。

< form > 定义表单。

< h1 > to < h6 > 定义标题 1 到标题 6。

< head > 定义关于文档的信息。

< hr > 定义水平线。

< html > 定义 html 文档。

< i > 定义斜体文本。

< iframe > 定义行内的子窗口（框架）。

< img > 定义图像。

< input > 定义输入域。

< ins > 定义插入文本。

< kbd > 定义键盘文本。

< label > 定义表单控件的标注。

< legend > 定义 fieldset 中的标题。

< li > 定义列表的项目。

< link > 定义资源引用。

< map > 定义图像映射。

< menu > 定义菜单列表。

< meta > 定义元信息。

< noscript > 定义 noscript 部分。

< object > 定义嵌入对象。

< ol > 定义有序列表。

< optgroup > 定义选项组。

< option > 定义下拉列表中的选项。

< p > 定义段落。

< param > 为对象定义参数。

< pre > 定义预格式化文本。

< q > 定义短的引用。

< samp > 定义样本计算机代码。

< script > 定义脚本。

< select > 定义可选列表。

< small > 定义小号文本。

< span > 定义文档中的 section。

< strong > 定义强调文本。

< style > 定义样式定义。

< sub > 定义下标文本。

< sup > 定义上标文本。

< table > 定义表格。

< tbody > 定义表格的主体。

< td > 定义表格单元。

< textarea > 定义 textarea。

< tfoot > 定义表格的脚注。

< th > 定义表头。

< thead > 定义表头。

< title > 定义文档的标题。

< tr > 定义表格行。

< ul > 定义无序列表。

< var > 定义变量。

③ H4 支持，H5 不支持的：

< xmp > 定义预格式文本。

< tt > 定义打字机文本。

< u > 定义下划线文本。

< strike > 定义加删除线的文本。

< s > 定义加删除线的文本。

< dir > 定义目录列表。

< frame > 定义子窗口（框架）。

< frameset > 定义框架的集。

< font > 字体定义。

< isindex > 定义单行的输入域。

< noframes > 定义 noframe 部分。

< acronym > 定义首字母缩写。

< applet > 定义 applet。

< basefont > 请使用 CSS 代替。

< big > 定义大号文本。

< center > 定义居中的文本。

4.2 使用 Epub360 在线制作 HTML5 网页

Epub360 使用浏览器进行 HTML5 网页在线交互内容设计，正常使用该网站的内容需要最新版的浏览器支持，建议使用最新版 Chrome。

在 Epub360 官网免费注册登录，进入工作界面，如图 4.2.1 所示。

图 4.2.1　工作界面

点击"＋"号进入内容编辑，如图 4.2.2。

图 4.2.2　内容编辑

根据设计方案，依次上传图片、音频等素材，写入文字……进行页面的编辑，如图 4.2.3 所示。

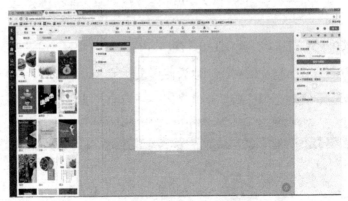

图 4.2.3　页面的编辑

点击页面左上角的"＋"号，可以添加新的页面，如图 4.2.4 所示。

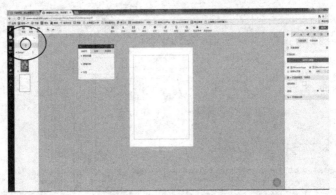

图 4.2.4　添加新页面

鼠标在页面左边的素材上点击"＋"号，就可以将素材添加到工作区里，在页面右边可以对相应素材进行修改调整，如图 4.2.5 所示。

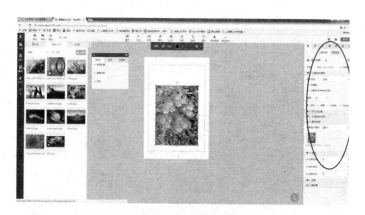

图 4.2.5　修改调整素材

在页面右下方有动态效果，可以给素材添加动态效果，如图4.2.6所示。

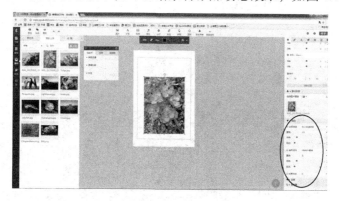

图 4.2.6　添加动态效果

在页面上方居中的地方可以加进行一些其他的素材编辑，如音频、视频等，如图4.2.7所示。

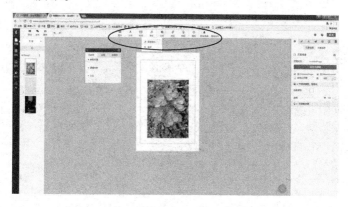

图 4.2.7　音视频素材编辑

网站提供了一些模板可供选用，如图4.2.8所示。

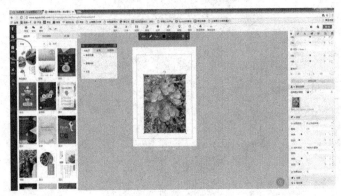

图 4.2.8　选择模板

点击"＋"号可以添加模板，如图4.2.9所示。

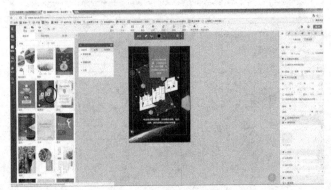

图 4.2.9　添加模板

模板的部分内容可以修改。当鼠标点击上去出现修改框时，表示这个内容可以修改，如图4.2.10所示。

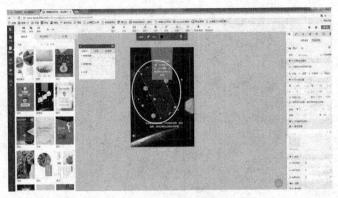

图 4.2.10　修改模板

网站提供了一些特效，点击"＋"号可以添加特效，如图 4.2.11 所示。

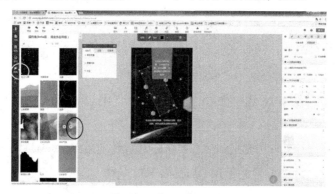

图 4.2.11　添加特效

点击左上角，进行预览、发布、更新，如图 4.2.12 所示。

图 4.2.12　预览发布更新

发布后可以获得作品链接和二维码。可以把作品链接和二维码分享出去，如图 4.2.13 所示。

图 4.2.13　作品链接和二维码

使用 Epub360 等在线工具制作 HTML5 网页的优点，一是简单方便，非常容易上手；二是网站提供在线空间，可以直接发布访问。但是这类在线制作工具提供的免费资源数目是有限的，如果需要发布更多的网页，则需要付费。

4.3 在 Dreamweaver cc 中用 html5 和 css 制作 HTML5 网页

在 Dreamweaver cc 中制作有两种方法，一种是在新建 HTML 页面上制作（第三节、第四节），一种是使用 jQuerymobile 制作（见第 4.5 节）。

Dreamweaver cc 版默认使用 HTML5 编辑网页，如图 4.3.1 所示。

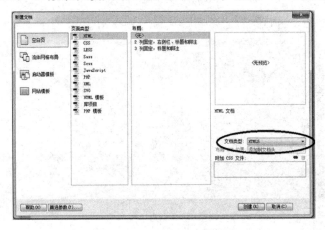

图 4.3.1　DW 创建 H5 网页

在工作区的右下方选择使用手机、平板或电脑中某一个的尺寸进行网页编辑制作，如图 4.3.2 所示。

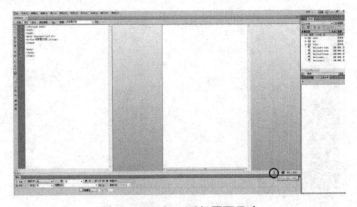

图 4.3.2 (1)　手机页面尺寸

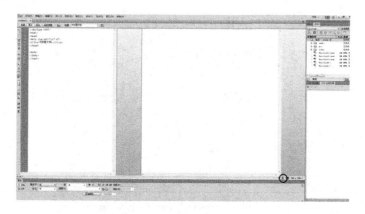

4.3.2 (2)　　平板页面尺寸

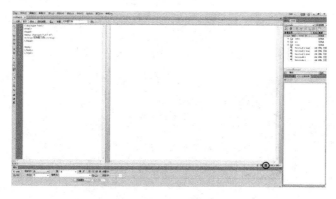

图 4.3.2（3）　　电脑页面尺寸

首先打开 Dw CC 新建一个站点。【站点】－【新建站点】，如图 4.3.3
所示。

图 4.3.3　新建站点

输入"站点名称"；"本地站点文件夹"：选择一个文件夹作为站点的存放

位置，如图 4.3.4 所示。

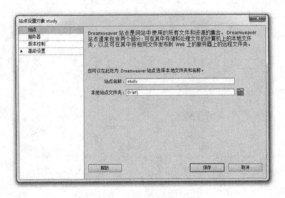

图 4.3.4　存放站点

　　打开站点文件夹，将要使用到的图像、音频、视频等素材存放到站点文件夹中。最好按照素材的类型分别建立文件夹存放，如图 4.3.5 所示。

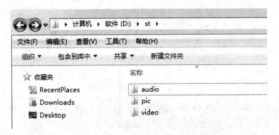

图 4.3.5　建立存放不同类型素材文件夹

　　选择【文件】菜单 –【新建】选项，或者按快捷键"Ctrl + N"新建HTML 网页，如图 4.3.6 所示。

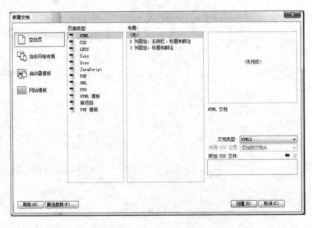

图 4.3.6　新建 HTML 网页

在页面中插入 Div 标签，选择菜单【插入】－【Div】，如图 4.3.7 所示。

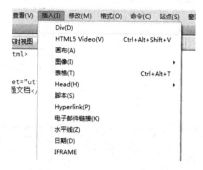

图 4.3.7 插入 Div

在页面中插入一个 ID 为 container 的 Div，如图 4.3.8 所示。

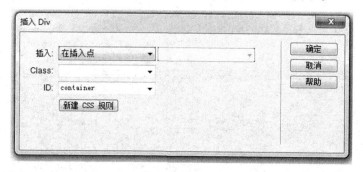

图 4.3.8 插入 ID 为 container 的 Div

并且在 container 内嵌入 3 个 Div。鼠标点在 container 的内部，选择插入 Div 菜单。Class 类名分别为 top，main，bottom，如图 4.3.9 所示。

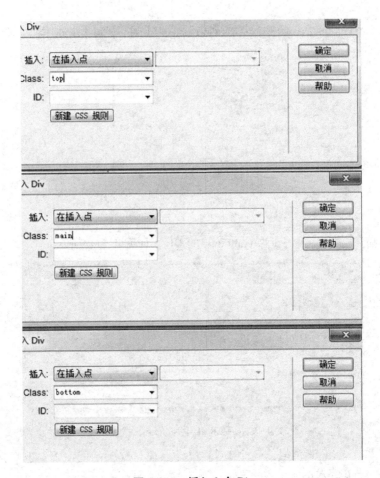

图 4.3.9　插入 3 个 Div

ID 与 Class 的区别：ID 一个页面只可以使用一次；Class 可以多次引用。插入 Div 后的页面，如图 4.3.10 所示。

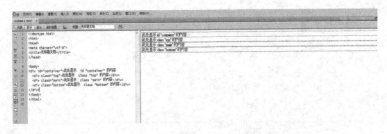

图 4.3.10　插入 Div 后的页面

调出 CSS 设计器，单击菜单栏【窗口】－【CSS 设计器】，其快捷键是【shift + F11】，如图 4.3.11。CSS 设计器在工作窗口的右下方，如图 4.3.12 所示。

图 4.3.11　启动 CSS 设计器

图 4.3.12CSS 设计器

在 CSS 设计器中进行设置，单击【添加 CSS 源】按钮，弹出的菜单中分别有创建新的 CSS 文件、附加现有的 CSS 文件、在页面中定义。本例选择页面中定义 CSS 样式，如图 4.3.13 所示。

图 4.3.13　定义 CSS 样式图

4.3.14 添加 CSS 样式

单击【源】中的 <style>，接着单击选择器的【 + 】添加按钮，分别添加 #container、.top、.main、.bottom 四个 CSS 样式。用"#"表示 ID，用"."表示类，如图 4.3.14 所示。

在【选择器】中选中#container，并在【属性】中选择【布局】选项，选择 width，在弹出的列表中选择 px，然后输入 400px 的宽，同样设置 height 为 800px 的高。将鼠标在属性上停留会提示相应的中文注解，如图 4.3.15 所示。调整 container 后的效果，如图 4.3.16 所示。

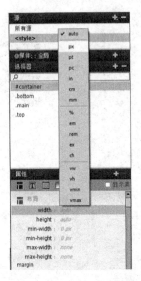

图 4.3.15　选择属性单位

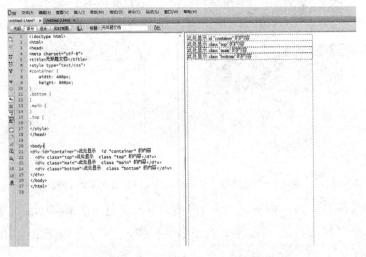

图 4.3.16　调整 container 后的效果

在【选择器】中选中 .top，在【布局】中设置 400px 的宽，和 100px 的高。并在【属性】中选择【文本】选项，给其定义 20px 的字体大小、30px 的行高。在【背景】中选择浅黄色。将鼠标在属性上停留会提示相应的中文注解，如图 4.3.17 所示。

在【选择器】中选中 .main，在【布局】中设置 400px 的宽，和 500px 的高。在【背景】中选择浅绿色，如图 4.3.18 所示。

图 4.3.17　**设置 . top 对象样式**　　图 4.3.18　**设置 . main 对象样式**

在【选择器】中选中 . bottom，在【布局】中设置 400px 的宽，和 100px 的高。在【背景】中选择浅紫色，如图 4.3.19 所示。

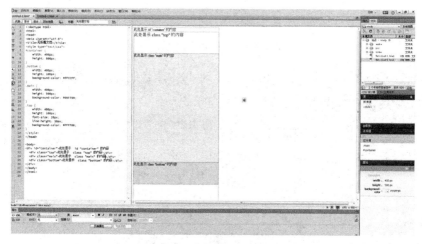

图 4.3.19　设置对象样式后效果图

在网页中插入文字、图像等素材。新定义一个 CSS 样式：. pic，宽和高分别为 300、250。插入一幅图像，在图像上点击右键，选择【CSS 样式】，选择对图像定义的 pic 样式，如图 4.3.20 所示。

图 4.3.20　新定义 CSS 样式

新定义一个 CSS 样式：.txt，字号为 40，颜色为蓝色，在文字"美丽的花"上使用该 CSS 样式，如图 4.3.21 所示。

图 4.3.21　应用新 CSS 样式

使整个网页居中设置 body 样式的属性为 text－align：center；给 container 添加属性为：argin：0 auto；，如图 4.3.22 所示。

图4.3.22　网页效果图

网页代码如下：

```
<! doctype html >
< html >
    < head >
    < meta charset = "utf - 8" >
    < title >无标题文档</title >
    < style type = "text/css" >
      #container {
      width: 400px;
      height: 800px;
      margin: 0 auto;
      }
      . bottom {
      width: 400px;
      height: 150px;
      background - color: #FFCCFF;
      }
      . main {
      width: 400px;
```

```
height：500px；
background – color：#99FF99；
}
. top {
width：400px；
height：150px；
font – size：20px；
line – height：30px；
background – color：#FFFF66；
}
. pic {
width：300px；
height：200px；
}
. txt {
color：#0000FF；
font – size：60px；
}
body {
text – align：center；
}
</style >
</head >
< body >
< div id = "container" >
< div class = "top" >
< p > ；</p >
< p class = "txt" > ； ； ；美丽的花 </p >
```

```
        </div>
        <div class = "main">
        <p> </p>
        <p>     <img src = "pic/
IMG_ 20150404_ 165202. jpg" alt = "" width = "4160" height =
"2336" class = "pic" /></p>
        </div>
        <div class = "bottom">此处显示 class "bottom" 的内容</div>
        </div>
    </body>
</html>
```

4.4 在 Dreamweaver cc 中用 CSS 过渡效果

通过过渡 transition，可以让 web 前端开发人员不需要 javascript 就可以实现简单的动画交互效果。建立一个页面，插入一张图片，定义一个 CSS 样式 .pic，应用在图片上，如图 4.4.1 所示。

.pic { width：100px； height：100px； }

图 4.4.1 应用 CSS 样式效果

添加 CSS 过渡效果，点击过渡效果面板下的 "＋"，如图 4.4.2 所示。

图 4.4.2　CSS 过渡效果

在弹出的窗口选择参数。目标规则是选择哪个规则添加过渡效果。选择.pic 过渡效果开启：选择触发过渡效果的行为。选择 hover，如图 4.4.3 所示。

图 4.4.3　新建过渡效果

选择过渡效果是哪个属性的变换。选择 width，结束值填写 600。持续时间填写 5（秒）。

延迟：该属性定义元素属性延迟多少时间后开始过渡效果，该属性的单位是秒 s 或毫秒 ms，如图 4.4.4 所示。

图 4.4.4（1）　过渡效果属性

图 4.4.4（2）　过渡效果值

在浏览器中预览。效果就是图片在鼠标经过图像上方时，图片宽度在 5 秒内从 100px 扩展到 600px，如图 4.4.5 所示。

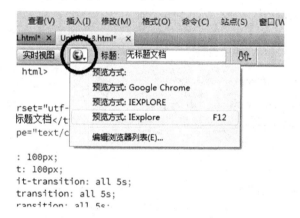

图 4.4.5　在浏览器中预览

浏览器中显示效果，如图 4.4.6 所示。

图 4.4.6（1）　页面初始状态

图 4.4.6 (2) 　鼠标停在图片上，图片拉伸效果

网页代码如下：

```
<! doctype html >
<html >
  < head >
    < meta charset = "utf - 8" >
    < title 无标题文档 </title >
    < style type = "text/css" >
      . pic {
      width: 100px;
      height: 100px;
      - webkit - transition: all 5s;
      - moz - transition: all 5s;
      - ms - transition: all 5s;
      - o - transition: all 5s;
      transition: all 5s;
      }
      . pic: hover {
      width: 600px;
      }
    </style >
  </head >
    < body >
    < img src = "pic/DSC_ 0151. JPG" alt = "  " width = "4288"
height = "2848" class = "pic" />
    </body >
</html >
```

可过渡的样式：不是所有的 CSS 样式值都可以过渡，只有具有中间值的属性才具备过渡效果。

① 颜色：color background – color border – color outline – color

② 位置：backround – position left right top bottom

③ 长度：

［1］ max – heightmin – heightmax – widthmin – width height width

［2］ border – widthmargin padding outline – width outline – offset

［3］ font – size line – height text – indent vertical – align

［4］ border – spacing letter – spacing word – spacing

④ 数字：opacity visibility z – index font – weight zoom

写一些文字，定义一个 CSS 样式 . txt，文字颜色为绿色，应用在文字上。

. txt｛　color：#00CC00；

font – size：20px；　　｝

添加 CSS 过渡效果。目标规则选择 . pic，过渡效果开启选择 hover。过渡效果属性选择 color，结束值选择红色，持续时间填写 5（秒）。

在浏览器中预览效果就是在鼠标经过文字上方时，文字颜色在 5 秒内从绿色转换成红色。如图 4.4.7 所示。

图 4.4.7　预览效果

4.5 使用 jQuerymobile 创建 HTML5 网页

iQuerymobile 是一个构建 jQuery 之上支持触摸屏的 HTML5 UI 框架，并可工作在所有流行的智能手机、平板和桌面平台上。

iQuerymobile 遵循了渐进增强（progressive enhancement）和响应式的设计原则，用 HTML5 标签来驱动其 UI 组件工作，并提供了强大的 API 供进一步自定义整个框架。Dreamweaver 与 jQuerymobile 相集成，可快速设计适合大多数移动设备的 Web 应用程序，同时可使其自身适应设备的各种尺寸。

打开 jQuerymobile 起始页，或创建 HTML5 页面，在 Dreamweaver 中使用 jQuerymobile 起始页创建应用程序。也可用新的 HTML5 页开始创建 Web 应用程序。

jQuerymobile 起始页包括 HTML、CSS、JavaScript 和图像文件，可帮助设计应用程序。可使用 CDN 和自有服务器上承载的 CSS 和 JavaScript 文件，也可使用随 Dreamweaver 一同安装的文件。

注意：

要标识链接文件的位置，请参阅代码视图中的 < link > 和 < script src > 标签。

从"插入"面板中选择 jQuerymobile 组件。

将"插入"面板中的 jQuerymobile 组件插入 HTML 页面。jQuerymobile CSS 和 JavaScript 文件定义组件的样式和行为，如图 4.5.1 所示。

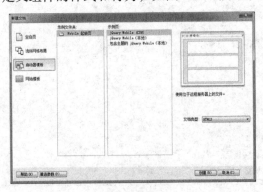

图 4.5.1　定义组件的样式和行为

关于 CDN 和本地 jQuerymobile 文件。

CDN（内容传送网络）是一种计算机网络，其中所含的数据副本分别放置在网络中的多个不同点上。使用 CDN 的 URL 创建 Web 应用程序时，应用程序将使用 URL 中指定的 CSS 和 JavaScript 文件。默认情况下，Dreamweaver 使用 jQuerymobile CDN。

此外，也可使用其他站点（如 microsoft 和 Google）CDN 的 URL。在代码视图中，编辑 < link > 和 < script src > 标签中指定的 CSS 和 JavaScript 文件的服务器位置。

如果要连接到承载 jQuerymobile 文件的远程 CDN 服务器，如果尚未配置包含 jQuerymobile 文件的站点，则对于 jQuery 站点使用默认选项，也可选择使用其他 CDN 服务器。

从新页面创建适用于移动设备的 Web 应用程序，"页面"组件充当所有其他 jQuerymobile 组件的容器。安装 Dreamweaver 时，会将 jQuerymobile 文件的副本复制到您的计算机上。选择 jQuerymobile（本地）起始页时所打开的 HT-ML 页会链接到本地 CSS、JavaScript 和图像文件。

Dreamweaver 提供以下起始页供您创建 Web 应用程序：jQuerymobile（CDN），如果计划在 CDN 上承载 jQuerymobile 库，则使用此起始页。

使用起始页创建适用于移动设备的应用程序。

添加"页面"组件，然后再继续插入其他组件。

① 选择"文件" > "新建"。

jQuerymobile（本地）。如果计划自行承载资源，或如果应用程序不依靠 Internet 连接，则使用此起始页，如图 4.5.2 所示。

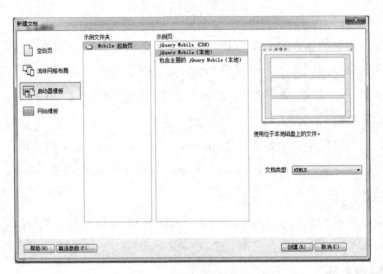

图 4.5.2　本地起始页

jQuerymobile（PhoneGap）。如果 Web 应用程序在部署为移动应用程序的情况下要访问移动设备固有的功能，则使用此起始页。有关详细信息，请参阅打包 Web 应用程序。

"示例中的页" > "Mobile 起始页" > "jQuerymobile（本地）"。

② 单击"创建"。如图 4.5.3 所示。

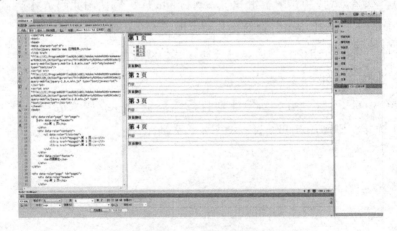

图 4.5.3　Mobile 起始页

在所显示的页中，启用"持续跟踪链接"（"视图" > "实时视图选项"），然后切换到实时视图。使用导航组件测试应用程序的运行情况。

使用"多屏"菜单中的选项查看设计在各种尺寸的设备上的显示效果。禁用实时视图，然后切换回设计视图。

③ 在"插入"面板（"窗口" > "插入"）中，选择"jQuerymobile"。此时将显示可添加到 Web 应用程序的组件，如图 4.5.4 所示。

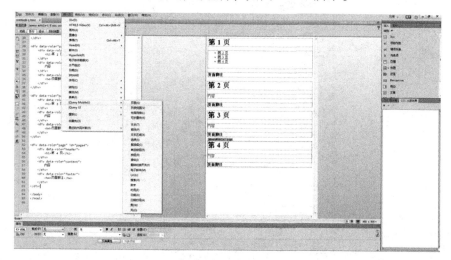

图 4.5.4　可添加到 Web 应用程序的组件

④ 在浏览器中显示效果，如图 4.5.5 所示。

图 4.5.5　浏览器中显示效果图

　　在设计视图中，将光标放在要插入组件的位置，然后在"插入"面板中单击该组件。在出现的对话框中，使用各个选项自定义组件，如图4.5.6所示。

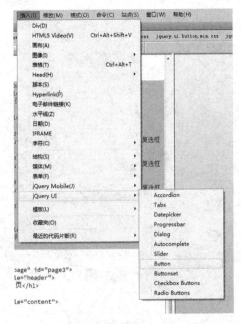

图4.5.6　自定义组件

（jQuerymobile. 本地）。保存 HTML 文件之后，jQuerymobile 文件（包括图像文件）将复制到 HTML 文件所在位置的文件夹中。

　　⑤ 在实时视图中预览页面，某些 CSS 类仅适用于实时视图。

　　在第二页添加了复选框 Checkboxes 的浏览器显示效果，如图4.5.7所示。

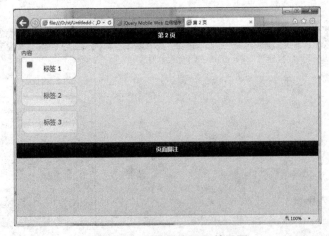

图4.5.7　浏览器中显示效果图

在第三页添加了日期 Datepicker 的浏览器显示效果，如图 4.5.8 所示。

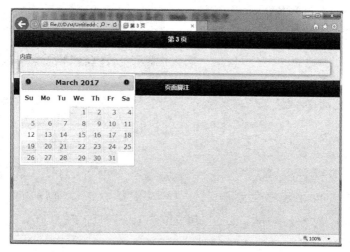

图 4.5.8　日期 Datepicker 的浏览器显示效果

在 CSS 列表中调整显示属性。调整了 content 的背景色为绿色，如图 4.5.9 所示。

图 4.5.9　调整了 content 的背景色

在浏览器中显示如下（第二、三页），如图4.5.10所示。

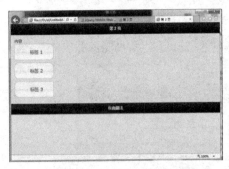
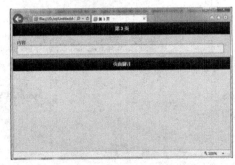

图4.5.10（1）　第二页　　　　　　图4.5.10（2）　　第三页

可选择为应用程序创建自定义 CSS 和 JS 文件。确保将文件命名为 jquery. mobile. js、jquery. mobile. css 和 jquery. js。网页代码如下：

```
< ! DOCTYPE html >
< html >
  < head >
    < meta charset = "utf - 8" >
    < title >jQuery Mobile Web 应用程序 </title >
     < link  href = "jquery - mobile/jquery. mobile - 1. 0. min. css" rel =
"stylesheet" type = "text/css" / >
     < link  href = "jQueryAssets/jquery. ui. core. min. css" rel = "stylesheet"
type = "text/css" >
     < link  href = "jQueryAssets/jquery. ui. theme. min. css" rel = "stylesheet"
type = "text/css" >
     < link  href = "jQueryAssets/jquery. ui. button. min. css" rel = "stylesheet"
type = "text/css" >
     <link  href = "jQueryAssets/jquery. ui. datepicker. min. css" rel = "styleshe-
et" type = "text/css" >
     < script  src = "jquery - mobile/jquery - 1. 6. 4. min. js" type = "text/javas-
cript" > </script >
     < script  src = "jquery - mobile/jquery. mobile - 1. 0. min. js" type = "text/
javascript" > </script >
     < script  src = "jQueryAssets/jquery - 1. 8. 3. min. js" type = "text/javas-
cript" > </script >
```

```
    < script src = " jQueryAssets/jquery - ui - 1. 9. 2. button. custom. min. js"
type = " text/javascript" > </script >
    < script src = " jQueryAssets/jquery - ui - 1. 9. 2. datepicker. custom. min. js"
type = " text/javascript" > </script >
</head >
< body >
    < div data - role = " page" id = " page" >
    < div data - role = " header" >
    <h1 >第 1 页 </h1 >
    </div >
    < div data - role = " content" >
    < ul data - role = " listview" >
    < li > < a href = " #page2" >第 2 页 </a > </li >
    < li > < a href = " #page3" >第 3 页 </a > </li >
    < li > < a href = " #page4" >第 4 页 </a > </li >
    </ul >
    </div >
    < div data - role = " footer" >
    <h4 >页面脚注 </h4 >
    </div > </div >
    < div data - role = " page" id = " page2" >
    < div data - role = " header" >
    <h1 >第 2 页 </h1 > </div >
    < div data - role = " content" >        内容
    < div id = " Checkboxes1" >
    < input type = " checkbox" name = " 复选框 1" id = " 复选框 1" >
    < label for = " 复选框 1" >标签 1 </label >
    < input type = " checkbox" name = " 复选框 2" id = " 复选框 2" >
    < label for = " 复选框 2" >标签 2 </label >
    < input type = " checkbox" name = " 复选框 3" id = " 复选框 3" >
    < label for = " 复选框 3" >标签 3 </label >
    </div > </div >
```

```
< div data - role = " footer" >
    <h4 >页面脚注 </h4 >
    </div > </div >
    < div data - role = " page" id = " page3" >
    < div data - role = " header" >
    <h1 >第 3 页 </h1 >
    </div >
    < div data - role = " content" >        内容
    < input type = " text" id = " Datepicker1" >
    </div >
    < div data - role = " footer" >
    <h4 >页面脚注 </h4 >
    </div > </div >
    < div data - role = " page" id = " page4" >
    < div data - role = " header" >
    <h1 >第 4 页 </h1 >
    </div >
    < div data - role = " content" >        内容
    </div >
    < div data - role = " footer" >
    <h4 >页面脚注 </h4 >
    </div > </div >
    < script type = " text/javascript" >
    $ (function () { $ ( " #Checkboxes1" ) . buttonset (); });
    $ (function () { $ ( " #Datepicker1" ). datepicker (); });
    </script >
  </body >
</html >
```

4.6 使用 ih5 在线制作 HTML5 网页

ih5 作为一款基于云端的网页交互设计工具，把晦涩难懂的代码语言变成通过对多媒体元素的拖拉、摆放、设置等可视化的具体操作，实现在线编辑功能，大大突破了技术壁垒。制作完成的作品也可以直接生成二维码或者 URL 链接供设计者实时分享。

ih5 的制作和 Epub360 有些类似，两款软件都能完成大部分高自由度的 h5 设计。可先从 Epub360 入手对 h5 设计整体有个概念，后续可在设计过程中根据自身的业务特点进行更多软件工具的选择。ih5 和 Epub360 在作品发布或者导出时有不同的限制和收费要求，根据需要选用。

舞台编辑页面如图 4.6.1 所示。

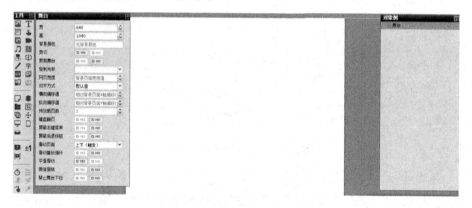

图 4.6.1　在线网站编辑页面

4.6.1　界面基础设置

添加图片。在线网站添加图片很简单，直接把处理好的图片拖拉进对应的页面即可，再设置图片的位置、长宽大小和透明度等属性。下面以添加背景图为例：把在 PS 中制作完成的背景图直接拖进舞台，把它设置成舞台大小 640 * 1040，这个尺寸是默认苹果 6 plus 的屏幕大小。把背景图片放在底层，以免遮盖之后的素材。由于每一页都需要背景图，所以导入一次之后，其余页面可以直接复制背景图。如图 4.6.2 所示。

添加文字。使用工具栏中的文字工具，在相应位置绘制输入框，在输入框中输入文字即可，再设置文字大小，文字字体和文字颜色等属性。如图 4.6.3 所示。

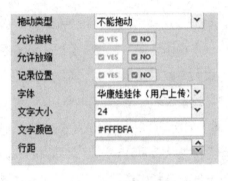

图 4.6.2　部分背景图属性面板　　　　图 4.6.3　部分文字属性面板

添加音效。使用工具栏中的音乐工具，导入下载完成的 MP3 格式音乐，再对其属性进行设置，如图 4.6.4 所示。

图 4.6.4　部分音乐属性面板

添加透明按钮。在设计页面的时候，并不是页面中的所有地方用户都可以点击并且触发效果的，而且制作的按钮图片仅仅是个图片，用户点击这个按钮图片并不会有任何效果，于是透明按钮就赋予了按钮图片真正的作用。透明按钮给用户划定了一个区域，当用户在这个范围里点击了屏幕就能触发效果，而且因为它是透明的，只有一个框，所以覆盖在图片上方并不会遮住图片。如图 4.6.5 所示。

图 4.6.5　覆盖在按钮图片上方的透明按钮区域

4.6.2 事件的添加

"事件"由四部分组成：触发对象、触发动作、目标对象和目标动作，即用户的一系列动作实施在触发对象之后，引起目标对象的一系列动作。比如最常见的是：用户轻触手机点击开始测试按钮，页面跳转至小测试页面。在这里，触发对象是开始测试的透明按钮，触发动作是用户轻触手机中，目标对象是舞台，目标动作是跳转到测试页面。当然，这四个属性都可以分别进行多样化的设置，如图 4.6.6 和 4.6.7 所示。

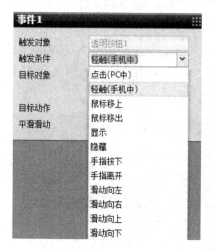

图 4.6.6 对触发条件的设置

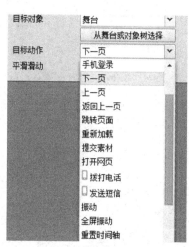

图 4.6.7 对目标动作的设置

4.6.3 计数器的应用

计数器顾名思义就是用来统计数字的，在本作品中的应用是控制音乐播放、在测试中计算得分、在小游戏中计算分数、在拼图中计步数等等。计数器通常不独立存在，大多数情况下需要与事件配合使用。

控制音乐播放。把代表音乐播放的按钮导入舞台之后，我们希望用户初次点击音效按钮的时候音乐停止，再次点击音乐按钮的时候音乐继续播放。于是为其添加计数器，即用户点击次数为奇数次时音乐停止，为偶数次时音乐播放，再对音乐图标的透明按钮添加事件来记录次数，即用户点击时，计数器加1，接着让计数器按照奇偶次数执行判断。如图 4.6.8 至图 4.6.11 所示。

图 4.6.8　音乐计数器为奇数时

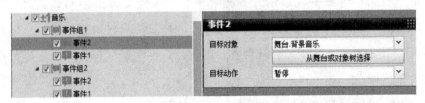

图 4.6.9　音乐暂停

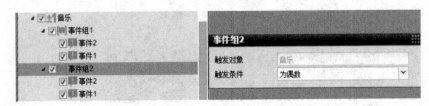

图 4.6.10　音乐计数器为偶数时

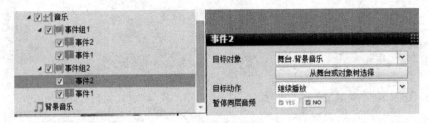

图 4.6.11　音乐继续播放

测试中计算得分。当用户选中正确答案所在的透明按钮时，计数器加分，最终显示与分数相应的成绩页面。计数器对应的事件，如图 4.6.12 所示。

图 4.6.12　当用户点击单身透明按钮分数计数器加分

在打败情侣狗游戏中计分数。当用户画的武器击中情侣，即两个物体发生碰撞，则计数器进行加分处理，详细看图 4.6.13。其他游戏中计数器原理一致，不再一一截图说明。

图 4.6.13　情侣图片与所画武器碰触时计数器加分

有多种方式可以实现动画，比如可以在 Flash 中提前制作并保存成 Gif 格式的文件导入舞台，也可以对目标设置简单动效，还可以设置缓动和运动，最常见的是添加时间轴，逐帧逐帧设置物体运动轨迹。本作品用的最多的是动效和添加时间轴。

添加动效。网站上有多种动效可供选择，选择适合的动效即可，详细如图4.6.14 所示。

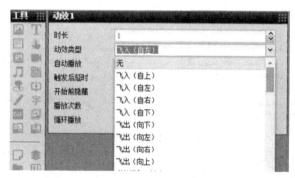

图 4.6.14　动效属性面板设置

利用时间轴制作动画。本作品中有多处用到时间轴动画，在这里，仅以最后一页中的动画制作为例详细说明，其他的不再一一赘述。首先，在页面下添加时间轴，把所有素材导入，并为所有素材添加轨迹，详细如图 4.6.15 所示。

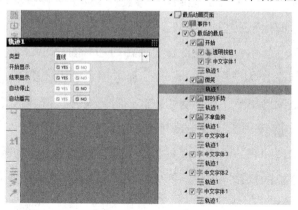

图 4.6.15　页面下的所有素材与轨迹设置

然后在时间轴里逐帧添加运动轨迹。我们希望页面中的文字一秒接一秒地自动出现，这样就可以在 0 秒的时候设置关键帧。把文字透明度设为全透明，在 0.5 秒的时候设置关键帧，把图片弄成半透明，在第 1 秒的时候再设置关键帧，把文字透明度设为不透明，再接着设置第二秒的文字从无到有，以此类推，图片也是如此，逐帧设置图片位置来实现运动，直到所有时间轴设置完毕。那么当时间轴开始连续播放的时候，整个页面元素就能像动画一样自动播放。设置时间轴请按图 4.6.16 所示。

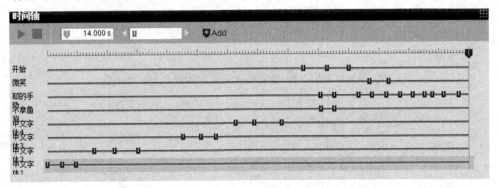

图 4.6.16　一个动画的时间轴范例

4.6.4　全景效果

全景效果其实是把一张长方形图片首尾相连，变成一个上下开口的圆柱体，长方形图片的长就是圆柱体横截面的周长，长方形的宽就是圆柱体的高。全景效果见图 4.6.17。虽然在在线网站强大的功能下，我们能方便地实现各种效果，但其背后的代码原理部分我们也有必要了解与掌握。页面上实现全景效有多种方式，不过也需要提前准备好剪裁好的等分图片，Javascript 中预加载所有图片，然后创建 HTML5 Convas 标签，加上用户触摸监听事件，当用户左右上下移动时，适度绘制不同帧。制作方法：首先选择全景容器工具，在其下添加全景背景组，把 PS 里制作好的图片等分裁切成 30 份，导入全景背景组中，并为圆柱体添加顶和底的图片。接着为全景容器设置重力感应控制、焦距伸缩比例和用户观察点的位置等属性。详细制作过程如图 4.6.18 所示。

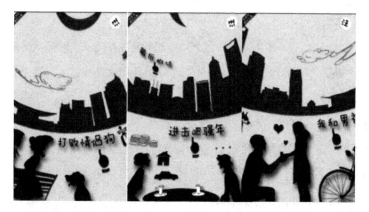

图 4.6.17　全景效果截图

图 4.6.18　全景容器属性面板与全景页面制作过程

思考题

1. 使用 Epub360 制作一个网页（主题自拟：美食、旅游、科技……），并将链接发布到自己的公众号里。

2. 制作一个网站（主题自拟：美食、旅游、科技……），申请一个网络空间，将网站上传到网络空间中。并将链接发布到自己的公众号里。

3. 在上一节的网站添加更多的 CSS3 效果，网络空间中的网站更新。并将链接发布到自己的微信公众号里。

4. 在上一节的网站添加使用 jQuerymobile 制作的页面，更新网络空间中的网站。并将链接发布到自己的微信公众号里。

5. 制作一个发射类游戏。玩法：让用户自己画一个武器，模拟炮台装置，通过左右转动武器方向瞄准物品（本例为单身狗打情侣），松手即可发射。

参考步骤

利用 HTML5 的 Canvas 做一个画板，设置画板的区域范围、笔触颜色，就能实现让用户自己画武器，再把画好的武器保存下来在后边步骤中使用。制作方法：使用画图工具，画完武器保存并克隆到指定位置；为武器添加滑动时间轴，即用户的向右或向左滑动，会触发武器的缓动效果；再为其添加事件，用户触摸结束触发向上运动的效果，碰撞完成后触发武器重置的效果即武器回到原位；对于掉下来的物品（情侣），完成一次碰撞计数器会相应加分，而倒计时则每秒减一，时间归 0 跳转成绩页面。游戏页面和制作过程见图 4.6.19所示。

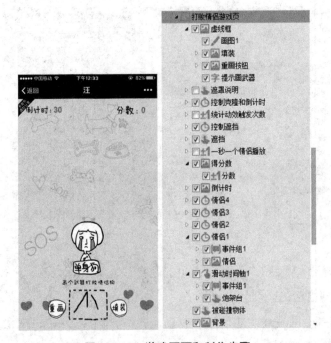

图 4.6.19　游戏页面和制作步骤

第 5 章　Android 系统移动媒体

互联网的快速普及和移动互联网发展步伐加速，促使用户阅读习惯逐渐改变，传统纸质媒体逐渐"失宠"，全球传统媒体行业整体萎靡。仅在 2009 年，美国就有 105 家报纸倒闭。因此，传统媒体转型势在必行。

而移动数字媒体的推出，则是顺应了移动互联网蓬勃发展的趋势。移动数字媒体应用具有使用便捷、不受时间和地点的限制等特点，使其可覆盖面更广；可个性化订制，使其受众范围更广；新闻发生后可通过推送使用户第一时间获得。这些都是传统媒体并不具备的优势，因此，发展移动互联网服务，应成为各家传统媒体转型的第一步。

移动数字媒体是指以移动数字终端为载体，通过无线数字技术与移动数字处理技术可以运行各种平台软件及相关应用，以文字、图片、视频等方式展示信息和提供信息处理功能的媒介。

当前，移动数字媒体的主要载体以智能手机及平板电脑为主，随着信息技术的发展和通信网络融合，一切能够借助移动通信网络沟通信息的个人信息处理终端都可以作为移动媒体的运用平台。如电子阅读器、移动影院、MP3/4、数码摄录相机、导航仪、记录仪等，都可以成为移动数字媒体的运用平台。

目前，主流两大移动操作系统是 iOS 系统和 Android 系统。

iOS 是由苹果公司开发的移动操作系统。苹果公司最早于 2007 年 1 月 9 日的 Macworld 大会上公布了这个系统，最初是设计给 iPhone 使用的，后来陆续套用到 iPod touch、iPad 以及 Apple TV 等产品上。iOS 与苹果的 Mac OS X 操作系统一样，属于类 Unix 的商业操作系统。原本这个系统名为 iPhone OS，因为 iPad、iPhone、iPod touch 都使用 iPhone OS，所以在 2010WWDC 大会上宣布改名为 iOS（iOS 为美国 Cisco 公司网络设备操作系统注册商标，苹果改名已获得 Cisco 公司授权）。

Android 是一种基于 Linux 的自由及开放源代码的操作系统，主要使用于移动设备，如智能手机和平板电脑，由 Google 公司和开放手机联盟领导及开发，中国大陆地区较多人称其为"安卓"，2005 年 8 月由 Google 收购注资。2007 年 11 月，Google 与 84 家硬件制造商、软件开发商及电信营运商组建开放手机联盟，共同研发改良 Android 系统。随后 Google 以 Apache 开源许可证的授权方式，发布了 Android 的源代码。2008 年 10 月发布第一部 Android 智能手机。Android 逐渐扩展到平板电脑及其他领域上，如电视、数码相机、游戏机等。2011 年第一季度，Android 在全球的市场份额首次超过塞班系统，跃居全球第一。2013 年的第四季度，Android 平台手机的全球市场份额已经达到 78.1%，全世界采用这款系统的设备数量已经达到 10 亿台。2014 第一季度 Android 平台已占所有移动广告流量来源的 42.8%，首度超越 iOS，但运营收入不及 iOS。

另外，两大主流移动操作系统之外还有 Symbian 塞班系统，是塞班公司为手机而设计的操作系统，2008 年 12 月 2 日，塞班公司被诺基亚收购。塞班系统曾在爱立信、诺基亚、摩托罗拉等手机上使用。但由于缺乏新技术支持，塞班的市场份额日益萎缩。2011 年 12 月 21 日，诺基亚官方宣布放弃塞班品牌。截止至 2012 年 2 月，塞班系统的全球市场占有量仅为 3%。2013 年 1 月 24 日晚间，诺基亚宣布，今后将不再发布塞班系统的手机。2014 年 1 月 1 日，诺基亚正式停止了 Nokia Store 应用商店内对塞班应用的更新，也禁止开发人员发布新应用。

5.1　什么是 Android

Android 一词的本义指"机器人"，同时也是 Google 于 2007 年 11 月 5 日宣布的基于 Linux 平台的开源手机操作系统的名称，该平台由操作系统、中间件、用户界面和应用软件组成。Android 的 Logo 是由 Ascender 公司设计的，诞生于 2010 年，是一个全身绿色的机器人，它的躯干就像锡罐的形状，头上还有两根天线。其中的文字使用了 Ascender 公司专门制作的称之为"Droid"的字体。颜色采用了 PMS 376C 和 RGB 中十六进制的#A4C639 来绘制，这是 Android 操作系统的品牌象征。

5.1.1　发行版本

Android 在正式发行之前，最开始拥有两个内部测试版本，并且以著名的机器人名称来对其进行命名，它们分别是：阿童木（AndroidBeta），发条机器人（Android 1.0）。后来由于涉及版权问题，谷歌将其命名规则变更为用甜点作为它们系统版本的代号的命名方法。

甜点命名法开始于 Android 1.5 发布的时候。作为每个版本代表的甜点的尺寸越变越大，然后按照 26 个字母数序进行排序：

① 纸杯蛋糕（Cupcake，Android 1.5）；

② 甜甜圈（Donuts，Android 1.6）；

③ 松饼（Eclair ，Android 2.0/2.1）；

④ 冻酸奶（Froyo，Frozen Yogurt，Android 2.2）；

⑤ 姜饼（Gingerbread ，Android 2.3）；

⑥ 蜂巢（Honeycomb，Android 3.0）；

⑦ 冰激凌三明治（Ice Cream Sandwich，Android 4.0）；

⑧ 果冻豆（Jelly Bean，Android4.1 和 Android 4.2）；

⑨ 奇巧（KitKat，Android 4.4）；

⑩ 棒棒糖（Lollipop，Android 5.0）；

⑪ 棉花糖（Marshmallow，Android 6.0）；

⑫ 牛轧糖（Nougat，Android 7.0）。

5.1.2　Android 平台特性

① 允许重用和替换组件的应用程序框架；

② 专门为移动设备优化的 Dalvik 虚拟机；

③ 基于开源引擎 WebKit 的内置浏览器；

④ 自定义的 2D 图形库提供了最佳的图形效果，此外还支持基于 OpenGL ES 1.0 规范的 3D 效果（需要硬件支持）；

⑤ 支持数据结构化存储的 SQLite；

⑥ 支持常见的音频、视频和图片格式（例如 MPEG4、H.264、MP3、

AAC、AMR、JPG、PNG、GIF）；

⑦ GSM 电话（需要硬件支持）；

⑧ 蓝牙、EDGE、3G 和 WiFi（需要硬件支持）；

⑨ 摄像头、GPS、指南针和加速计（需要硬件支持）；

⑩ 包括设备模拟器、调试工具、优化工具和 Eclipse 开发插件等丰富的开发环境。

5.1.3　Android 系统构架

从如图 5.1.1 所示的架构图可以看出，Android 分为四个层，从高层到低层分别是应用程序层、应用程序框架层、系统运行库层和 Linux 内核层。

① Application（应用程序）：Android 将同一系列核心应用程序包一起发布，该应用程序包包括客户端，SMS 短消息程序，日历，地图，浏览器，联系人管理程序等。所有的应用程序都是使用 JAVA 语言编写的。

② Application Framework（应用程序框架）：开发人员也可以完全访问核心应用程序所使用的 API 框架。

③ Libraries（库）：Android 包含一些 C/C＋＋库，这些库能被 Android 系统中不同的组件使用。它们通过 Android 应用程序框架为开发者提供服务。

④ Android Runtime（Android 运行时）。

⑤ Linux Kernel（Linux 内核）：Android 是运行于 Linux kernel 之上，控制包括安全（Security），存储器管理（Memorymanagement），程序管理（Processmanagement），网络堆栈（Network Stack），驱动程序模型（Drivermodel）等。

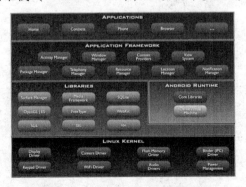

图 5.1.1　Android 系统架构图

5.1.4　Android 系统结构

① 后缀简介：APK 是安卓应用的后缀，是 AndroidPackage 的缩写，即 Android 安装包（apk）。通过将 APK 文件直接传到 Android 模拟器或 Android 手机中执行即可安装。APK 文件把 Android sdk 编译的工程打包成一个安装程序文件，格式为 APK。APK 文件其实是 zip 格式，但后缀名被修改为 APK，通过 UnZip 解压后，可以看到 Dex 文件，Dex 是 Dalvik VM executes 的全称，即 Android Dalvik 执行程序。

② 硬件抽象层：Android 的 HAL（硬件抽象层）是能以封闭源码形式提供硬件驱动模块。HAL 的目的是为了把 Android framework 与 Linux kernel 隔开，让 Android 不至过度依赖 Linux kernel，以达成 Kernel independent 的概念，也让 Android framework 的开发能在不考量驱动程序实现的前提下进行发展。

③ 中介软件：操作系统与应用程序的沟通桥梁，应用分为两层：函数层（Library）和虚拟机（Virtualmachine）。

④ Android 采用 OpenCORE 作为基础多媒体框架。Android 使用 skia 为核心图形引擎，搭配 OpenGL/ES。

⑤ Android 的多媒体数据库采用 SQLite 数据库系统。数据库又分为共用数据库及私用数据库。

⑥ Android 的中间层多以 Java 实现，并且采用特殊的 Dalvik 虚拟机（Dalvik Virtualmachine）。Dalvik 虚拟机是一种"暂存器形态"（Register Based）的 Java 虚拟机，变量皆存放于暂存器中，虚拟机的指令相对减少。

5.1.5　Android 应用市场

Android 市场是 Google 公司为 Android 平台提供的在线应用商店，Android 平台用户可以在该市场中浏览、下载和购买第三方人员开发的应用程序。

对于开发人员而言，有两种挣钱的方式。第一种方式是卖软件。开发人员可以获得该应用售价的70%，其余30%作为其他费用。第二种方式是加广告。将自己的软件定为免费软件，通过增加广告链接，靠点击率挣钱。如图 5.1.2 所示，是 2014 第一季度不同移动操作系统中移动广告流量市场占有率。

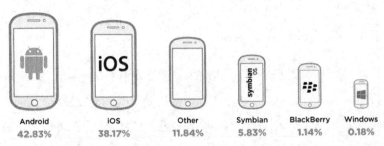

图 5.1.2　2014 第一季度移动广告流量市场占有率

Android App 在中国的前景十分广阔，首先目前已经形成了成熟的消费者群体；其次，安卓社区的火热也为安卓在国内的推广起了很好的作用。由此国内许多厂商和运营商也纷纷加入了 Android 的开发阵营之中，包括中国移动、中国联通、华为通讯、联想、小米等企业，可以预见，Android 将会被广泛应用于国产智能设备上，并扩大安卓系统的使用范围。据相关数据预计，到 2016 年底，有 23 亿部计算机、平板电脑和智能手机使用了安卓系统。

5.2　Android Studio 软件的安装与设置

5.2.1　搭建 Android 开发环境

Android App 的应用层是使用 JAVA 语言编程，Android App 的界面是使用 XML 语言进行布局。因此需要先安装 JAVA 语言的软件开发工具包 JDK。JDK 是整个 JAVA 开发的核心，主要用于移动设备、嵌入式设备上的 JAVA 应用程序。它包含了 JAVA 的运行环境，JAVA 工具和 JAVA 基础的类库。

Android Studio 是一个 Android 集成开发工具，2013 年 5 月推出，2016 年 5 月发布 2.2 版。它是基于 IntelliJ IDEA（JAVA 语言开发的集成环境），类似于 Eclipse ADT，提供了集成的 Android 开发工具用于开发和调试。

5.2.2　JDK 的下载与安装

（1）打开浏览器，进入 Oracle 官方主页，网址：http：//www.oracle.com/index.html

可以免费下载 JAVA 程序。网址：https：//www.java.com/zh_ CN/download/

win10. jsp。如图 5.2.1 所示。

图 5.2.1　JAVA 程序下载页面

（2）配置 Windows 上 JDK 的变量环境

JAVA 程序安装好后，还需要手动设置 JDK 的变量环境。为了配置 JDK 的系统变量，环境配置方法：我的电脑（此电脑）——属性——高级系统配置——高级——环境变量，需要设置三个系统变量，分别是：

①JAVA_ HOME：先设置这个系统变量名称，变量值为 JDK 在你电脑上的安装路径，例如：C：\ Program Files \ Java \ jdk1. 8. 0_ 20。创建好后则可以利用%JAVA_ HOME%作为 JDK 安装目录的统一引用路径。

②Path：如果 PATH 属性已存在，可直接编辑，在原来变量后追加：;%JA-VA_ HOME% \ bin;%JAVA_ HOME% \ jre \ bin 。

③CLASSPATH ：设置系统变量名为：CLASSPATH，变量值为：.;%JAVA_ HOME% \ lib \ dt. jar;%JAVA_ HOME% \ lib \ tools. jar 。注意变量值字符串前面有一个 "." 表示当前目录。设置 CLASSPATH 的目的，在于告诉 Java 执行环境，在哪些目录下可以找到您所要执行的 Java 程序所需要的类或者包。

环境变量配置好后可以通过 win + R 键打开命令行窗口输入命令测试。如图 5.2.2 所示，可以看到当前系统安装的 Java 的版本是 1. 8. 0_ 91，JAVA_

HOME 的设置路径是：C：\ Java \ jdk1.8.0_ 91。

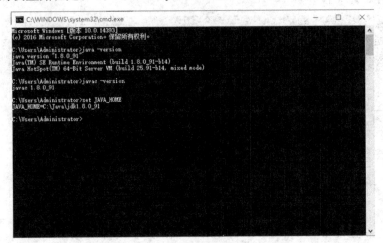

图 5.2.2　JAVA 安装后环境变量配置测试

5.2.3　Android Studio 的下载与安装

① 打开浏览器，进入 Android 开发者 Android 中文 API 官方网站，网址是：http：//www. android – doc. com/。在这里可以获得包括 API 文档，App 源码，SDK 等多种资源。如图 5.2.3 所示。进入网页：http：//android – doc. com/sdk/index. html，可以免费下载 Android Studio 安装程序。

图 5.2.3　Android 中文 API 官方网站

② 安装好 Android Studio 后，还需要安装 SDK 组件。通过欢迎界面中的 configure — SDKmanager — Android SDK — Launch Standalone SDKmanager 打开 Android SDK 管理器选择相应的 API 和 Tools 更新函数。如图 5.2.4 所示。

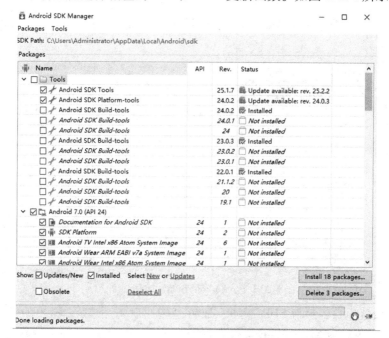

图 5.2.4　Android SDK 管理器

5.3　Android App 程序设计

Android 程序设计流程分为 UI 界面视觉设计和程序逻辑设计，就是把界面布局设计和程序代码编写分开进行。

Android Studio 提供了所见即所得的图像布局编辑器，让用户只要拖到对象以及设置属性的方式，就可以完成画面布局工作。系统会自动把用户设计好的画面转成 XML 布局文件。资源包括画面的安排，字符串对象，图形对象，音乐对象等，他们以文件的形式存放在 res 文件夹下，在构建（Build）起来成为 . apk 文件，最后由用户下载安装到手机上使用。

实例 1. 一个简单的 Android App 程序

Android 采用 Java 语言来编写逻辑程序。在新建项目的时候，系统帮用户建立好了 JAVA 程序的骨架，因此创建第一个 Android App 项目程序时什么都不用写就可以直接执行，并且可以在手机画面上看的到 "Hello World" 的信息。

① 打开 Android Studio 软件进入欢迎界面，点击 Start a new Android Studio project，开始创建第一个 Android App 项目文件。如图 5.3.1 Android Studio 启动界面所示。

图 5.3.1　Android Studio 启动界面

② 设置项目的最低 SDK 版本，还可以选择设备类型：如手机，平板，穿戴设备，电视，眼镜等。如图 5.3.2 所示。

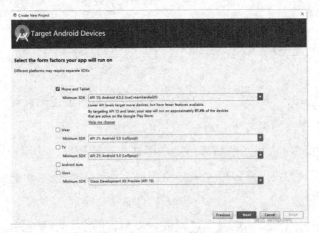

图 5.3.2　设备类型设置界面

③ 选择移动设备的默认 Activity 界面，如图 5.3.3 所示。

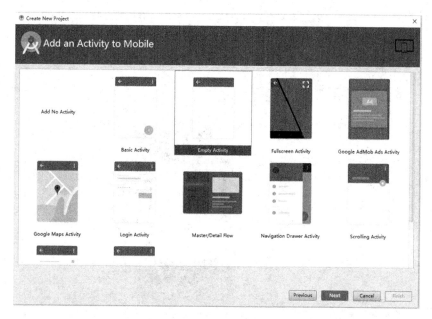

图 5.3.3　Activity 界面类型

④ 设置 Activity 和 Layout 文件名称，通常采用默认的名称即可。点击 Finish 按钮后就创建了一个 App 项目。如图 5.3.4 所示。

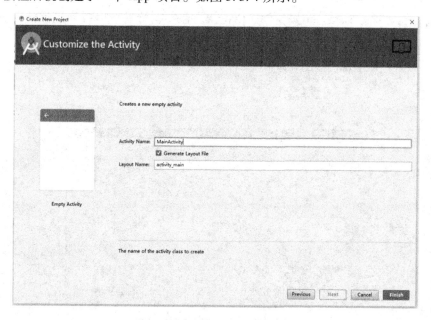

图 5.3.4　设置 Activity 文件名称

⑤ 如图 5.3.5 所示的窗口中从左到右排布了 Project（项目结构），Palette

（工具箱），Design（预览窗口），Component Tree（组件结构）和 Properties（属性）等面板。当前的预览画面中，默认的显示了"Hello World!"文字。如图5.3.5 所示的 Android 项目窗口。

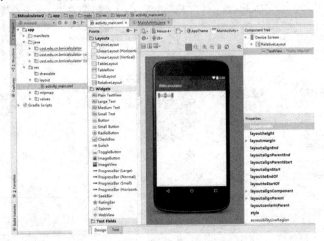

图 5.3.5　　Android 项目窗口

⑥ 程序编写成功后，可以点击工具条中的 Run 按钮，并选择一个手机模拟器（如 Nexus 5X API 23）来运行程序。但如果是第一次运行程序，则需要先点击 Create New Emulator 按钮创建模拟器。程序运行后可以看到模拟的手机界面。如图 5.3.6 所示。

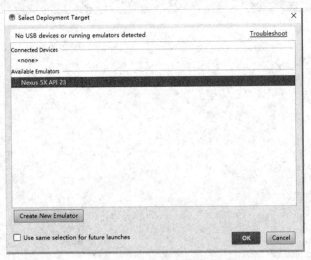

图 5.3.6　　手机模拟器选择界面

⑦ 在模拟器上执行实例 1，可以看到显示的"Hello World"文字（与预览

画面显示一致）。同时可以把模拟器当成手机使用，设置模拟器桌面背景；设置模拟器语言；设置时间和时区等。如图 5.3.7 所示。

图 5.3.7　手机模拟器运行界面

⑧ 在模拟器上把程序调试成功后，可以把 APP 安装到手机上。在首次安装程序 apk 包之前，需要先对手机进行设置（不同品牌和型号的手机设置步骤可能会不同）。如图 5.3.8 和 5.3.9 所示。

A. 打开手机的调试功能：设置——其他高级设置——开发者选项——USB 调试；

B. 通过 USB 或无线网络将手机与电脑连接；

C. 运行程序选择 Connected Devices 下的手机作为程序运行设备，并将 App 发送到手机上；

D. 在手机上安装该 App，然后运行。

这样一个 Android App 就设计制作完成了。

图 5.3.8　设置手机调试功能

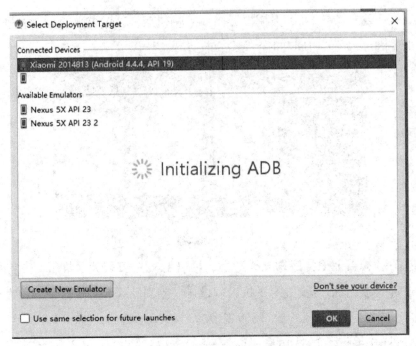

图 5.3.9　选择手机作为程序运行设备

5.4　Android App 的界面布局和组件设计

在 Android App 中每个 UI 界面就是一个 Activity 页面。Android 程序基本上是由一个或多个 Activity 页面组成，每个 Activity 页面都有一个窗口和相应的程序代码来处理用户和窗口的互动。对于简单的 App 来说，可能只需要一个 Activity 页面就可以了。

5.4.1　View 视觉组件

Android 中提供了多种类型的组件用来设计 UI 界面：

① 文本框（TextView）：用于在屏幕上显示文本。

② 编辑框（EditText）：用于在屏幕上显示可编辑的文本框。其中，EditText 是 TextView 类的子类。

③ 普通按钮（Button）：都生成一个可以单击的按钮。

④ 图片按钮（ImageButton）：都触发一个 onClick 事件。当用户单击按钮

时，可以通过为按钮添加单击事件监听器指定所要触的动作。

⑤ 单选按钮（RadioButton）：可以直接使用 Button 支持的各种属性。

⑥ 复选按钮（CheckBox）：可以直接使用 Button 支持的各种属性。

⑦ 图像视图（ImageView）：通常可以将要显示的图片放置在 res/drawable 目录中，然后应用下面的代码将其显示在布局管理器中。

⑧ 列表选择框（Spinner）：相当于在网页中常见的下拉列表框，通常用于提供一系列可选择的列表项。

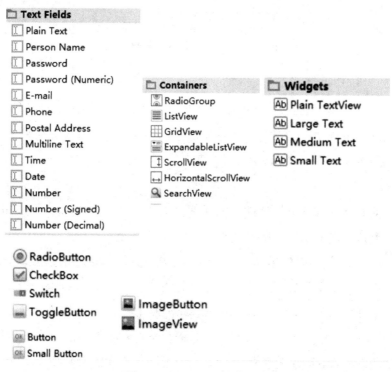

图 5.4.1　Android 视觉组件

5.4.2　Layout 画面布局

Android 中常用的 Layout 画面布局包含：

① 相对布局（RelativeLayout）：是指按照组件之间的相对位置来进行布局，如某个组件在另一个组件的左边、右边、上方或下方等。

② 线性布局（LinearLayout）：是将放入其中的组件按照垂直或水平方向来布局，也就是控制放入其中的组件横向排列或纵向排列。

③ 表格布局（TableLayout）：以表格方式来管理放入其中的 UI 组件。

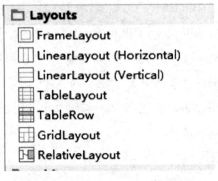

图 5.4.2 Layout 画面布局组件

实例 2. BMI 计算器的 UI 界面设计

BMI（Bodymass Index）计算器是根据输入的身高和体重，根据国际上常用的人体肥胖评估公式计算体重，评估肥胖指标的计数器。程序界面采用 Linear-Layout 线性布局，包含 TextView，EditText，Button，RadioButton，ImageView 等多种组件。

① 打开 Android Studio 软件进入欢迎界面，点击 Start a new Android Studio project，参照实例 1 创建新项目文件 "BMIcalculator"。

② 由于项目默认是使用 RelativeLayout 布局方式，需要先将它换成 LinearLay-out（Vertical）布局。在 Project 面板中打开 Android/app/res/layout/activity_main. xml 文件中 Text 页面，将 < RelativeLayout........ > </RelativeLayout > 标签替换成 < LinearLayout........ > </LinearLayout >标签。在 Properties（属性）面板中将 orientation 属性设置为：vertical。如图 5.4.3 和图 5.4.4 所示。

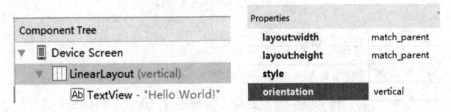

图 5.4.3 LinearLayout 布局结构和属性设置

图 5.4.4　activity_ main. xml 文件

③ 开始设计之前，可以先删除预览界面上 TextView 组件"Hello World!"。

④ 从 Paltette 面板的 Layout 组中拖拽一个 LinearLayout（horizontal）组件到预览界面上。

⑤ 在 LinearLayout（horizontal）中添加两个 RadioButton 组件。但由于 RadioButton 组件不能单独使用，需先添加 RadioGroup 组件，其 orientation 属性设置为：horizontal，id 属性设置为：sex，然后再把两个 RadioButton 组件放到容器中。（如果 RadioButton 组件的显示不正确，可以降低 Android API 的版本，这里使用的是 API 19 版。见图 5.4.5 中画圈的位置。）

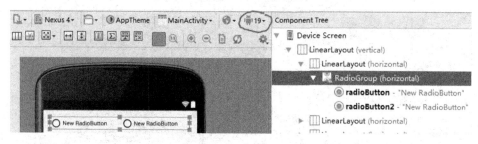

图 5.4.5　RadioButton 组件界面设置

⑥ 选中一个 New RadioButton 组件，双击后设置组件属性，text 属性值用于显示，chencked 属性值表示是否默认选择，id 属性值用于程序代码的编写（如

图）。相同的方法设置另一个 New RadioButton 组件。在 Properties （属性）面板中设置 layoutwidth 和 layoutheight 值为：wrap_ content，并在属性面板中设置，layoutwidth：weight 值为：0.2、textSize 值为：30sp。

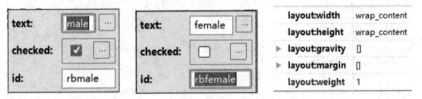

图 5.4.6　RadioButton **组件属性设置**

⑦ 再次拖拽一个 LinearLayout （horizontal）组件到预览界面上，从 Paltette 面板的 Widgets 组中选择 Large Text 组件，Text Field 组中选择 Plain Text 组件放置到合适位置，并设置相应的属性参数。重复这个步骤。

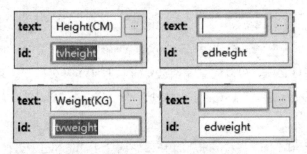

图 5.4.7　Plain Text **组件属性设置**

⑧ 和上面类似，LinearLayout （horizontal）组件中放置两个 Button 组件到合适位置，并设置相应的属性参数。

图 5.4.8　Button **组件属性设置**

⑨ 最后放置两个 TextView 组件用于显示计算结果和说明文字。

图 5.4.9　TextView **组件属性设置**

⑩ 为了美观可以为界面添加一个背景，先将背景素材图片放置到本项目的
…\ BMIcalculator \ app \ src \ main \ res \ drawable \ 文件夹中，并设置 back-
ground 属性，选择对应的背景图。这样一个 Activity 的页面外观就设计好了。

图 5.4.10　程序 UI 和界面组件布局结构

5.5　Android App 的逻辑程序设计

App 的一个 Activity 界面设计好后，就要来实现与用户的互动功能，需要
编写 Java 程序，由程序来控制 Activity 界面中的组件行为。

5.5.1　mainActivity 框架

在开始项目创建的时候，程序默认的给 Java 主程序命名为 "MainActivity"，
也就是主 Activity 的意思，程序执行的时候会从这个主画面开始。项目创建好
后，Android 系统就为我们写好了 onCreate（　）方法，该方法相当于程序的入
口，一些初始化的内容可以写在这里，它里面的 setContentView（　）会把画
面的内容显示出来。

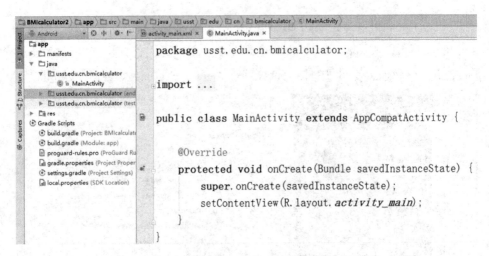

图 5.5.1　mainActivity **程序界面**

当 onCreate（　）方法结束后，就会返回系统。接下来就要等到有特定的事件发生，比如用户点击了某个按钮，或是在文字输入的组件中输入的数据，Android 系统才会通知 MainActivity 来处理。因此，如果要处理这些事件就必须在 MainActivity.java 文件中加入对应的方法，让系统在发生事件时自动调用这些方法来处理。

5.5.2　获取组件的 id

由于 UI 界面设计和程序代码的编写是分开的，为了让程序代码能够控制界面上的组件，我们为每个组件都设置了 id 属性。id 属性值相当于这个组件的名字，编写代码时就用它来指向对应的组件。findViewId（　）方法是 Android 系统提供的获取组件的 id 的函数。

5.5.3　事件响应

当用户对手机进行操作时，即产生了事件。Android 系统提供了基于监听器的事件处理机制，为界面中的组件绑定特定的事件监听器来处理这些事件。在监听器模型中，主要涉及三类对象：

（1）事件源（Event Source）
产生事件的来源，通常是各种组件，如按钮，窗口等。

（2）事件（Event）

事件封装了界面组件上发生的特定事件的具体信息，如果监听器需要获取界面组件上所发生事件的相关信息，一般通过事件 Event 对象来传递。

（3）事件监听器（Event Listener）

负责监听事件源发生的事件，并对不同的事件做相应的处理。

要为特定事件设置事件监听器，必须有符合该事件的规范，和对应该事件的处理方法。Android 系统用 Java 接口来规范事件，例如单击（onClick）事件，对应的规范是 OnClickListener（ ）接口。因此需要先声明 OnClickListener（ ）接口，然后用 setOnClickListener（ ）方法设置监听对象，并且编写 on-Click（ ）方法后才能处理单击事件。下面我们继续以 BMI 计算器为例完成其程序代码的编写工作。

实例 3. BMI 计算器的程序设计

① 在 onCreate（ ）中，用 findViewId（ ）方法先获取各个组件的 id。

② 在 MainActivity 类中声明接口，选择 android. view. View 中的 OnClickListener（ ），添加 onClick（ ）方法，并为 cal 按钮设置监听对象 setOnClick-Listener（ ）。

```
public class MainActivity extends AppCompatActivity
implements On|
    EditT  OnClickListener (android.view.View)         @Override
    Butto  OnItemLongClickListener (android.w···        public void onClick(View v) {
           OnDateSetListener (android.app.Dat···
    @Over  OnClickListener (android.content.D···         }
```

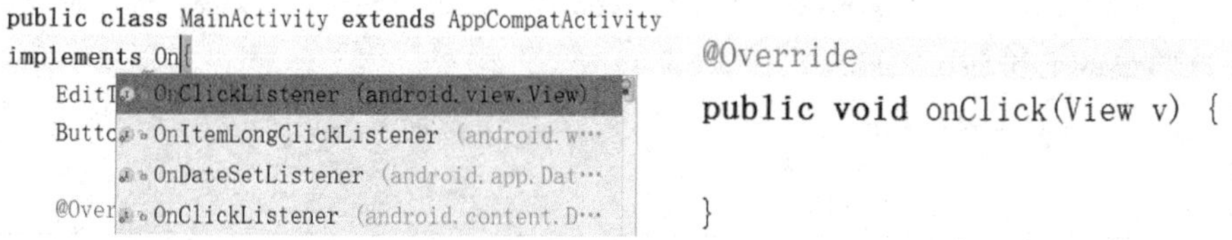

图 5.5.2 声明 OnClickListener 接口

③ 程序代码如下

```
public class MainActivity extends AppCompatActivity
implements View. OnClickListener {
    EditText height, weight; //身高和体重
    Button cal, txt; //计算和说明按钮
    TextView txv; //显示计算结果
    @ Override
    protected void onCreate (Bundle savedInstanceState) {
        super. onCreate (savedInstanceState);
        setContentView (R. layout. activity_ main);
    height = (EditText) findViewById (R. id. edheight); //获得输入身
高的 EditText 组件 id
        weight = (EditText) findViewById (R. id. edweight); //获得输
入体重的 EditText 组件 id
        cal = (Button) findViewById (R. id. btcal); //获得计算 Button
按钮 id
        txt = (Button) findViewById (R. id. bttext); //获得说明 Button
按钮 id
        txv = (TextView) findViewById (R. id. tvcal); //获得显示计
算结果的 EditText 组件 id
        cal. setOnClickListener (this); //设置监听对象
}

    @ Override
        public void onClick (View v) {
        double w = Double. parseDouble (weight. getText ( ) . toString
( )); //字符串转换为数字
    double h = Double. parseDouble (height. getText ( ) . toString
( )); //字符串转换为数字
        double bmi = w/ ( (h/100) * (h/100)); //BMI 的计算公式
        txv. setText ("你的 BMI 指数为: \ n" + String. format ("%.
2f", bmi) + "KG/M2"); //将 BMI 计算结果显示到文本框中
    }
}
```

④ 运行程序，选择手机模拟器，输入身高和体重值，点击计算按钮，即可显示结果。如图 5.5.3 所示。

图 5.5.3　程序运行结果

5.5.4　单选框

实例 3 中还有两个单选按钮，刚刚其实没有用到，只是默认地选择了"male"选项。如果要改变选择项，还需要编写相应的程序代码。

RadioButton 也是 Android 系统提供的基本用户界面组件，它提供用户选择一个选项的组件，然而实际上 RadioButton 不提供单选机制，它的单选功能需要在 RadioGroup 组件中才能使用。因此为了获得 RadioButton 的状态，还需要利用 RadioGroup 组件的 getCheckedRadioButtonId（　）方法读取单选按钮的 id。接着利用 if/else 语句就可以决定程序的走向。获取性别单项按钮状态后，可以根据不同性别的 BMI 计算结果评估这个人的体重指数，并获得评估结果显示到对应的文本框中。继续编写程序代码如下：

```
RadioGroup sextype; //RadioGroup 组件
protected void onCreate（Bundle savedInstanceState）{
    ..............................
    sextype =（RadioGroup）findViewById（R. id. sex）; //获得 Ra-
dioGroup 组件 id
}
public void onClick（View v）{
    double w = Double. parseDouble（weight. getText（ ）. toString
（ ））;
    double h = Double. parseDouble（height. getText（ ）. toString
（ ））;
    double bmi = w/（（h/100）* （h/100））;
String msg;
    if（sextype. getCheckedRadioButtonId（ ）= = R. id. rbmale）
        msg = BMIvalues（bmi，"male"）; //把男性的 bmi 计算结果传
递给评估函数
    else msg = BMIvalues（bmi，"female"）; //把女性的 bmi 计算结果传
递给评估函数
    txv. setText（"你的 BMI 指数为：\ n" + String. format（"%.
2f"，bmi）+ "KG/M2 \ n" +msg）; //将 BMI 计算结果和评估结果显
示到文本框中}
public String BMIvalues（double bmi，String sex）
{
    String [ ] values = {"太轻啦!"，"继续保持!"，"有点胖哦!"，
"你该减肥啦!"，"困!"，"最佳 BMI 指数是22"}; //评估结果
    switch（sex）{
        case "male":
            if（bmi < 20）return values [0];
            else if（bmi > = 20 && bmi < 25）return values [1];
            else if（bmi > = 25 && bmi < 30）return values [2];
            else if（bmi > = 30 && bmi < 35）return values [3];
            else if（bmi > = 35）return values [4];
            break;
```

```
case " female":
            if (bmi < 19) return values [0];
            else if (bmi >= 19 && bmi < 24) return values [1];
            else if (bmi >= 24 && bmi < 29) return values [2];
            else if (bmi >= 29 && bmi < 34) return values [3];
            else if (bmi >= 34) return values [4];
            break;
        }
    return values [5];
}
```

⑤ 定义 RadioGroup 组件；在 onCreate（　）中添加获取 RadioGroup 组件 id 的代码；修改 onClick（　）方法，对不同性别编写不同的显示结果；自定义评估体重指数的 BMIvalues（　）方法。再次运行程序，显示结果如图 5.5.3 所示。

5.5.5　即时消息

Toast 类用于在屏幕中显示一个提示信息框，该消息提示框没有任何控制按钮，并且不会获得焦点，经过一定时间后自动消失。通常用于显示一些快速提示信息，应用范围非常广泛。我们仍以实例 3 为例，把 BMI 指数评估结果以即时消息的方式显示出来。使用 Toast 类来显示信消消息提示框，只需要经过以下 3 个步骤即可实现，运行后结果见上图。程序代码如下：

```
Toast tos; // 声明 Toast 对象
protected void onCreate (Bundle savedInstanceState) {
    ………………………………………
    tos = Toast. makeText (this, "", Toast. LENGTH_ SHORT); //创
建 Toast 对象
}
public void onClick (View v) {
    tos. setText （"评估结果："+ msg); //设置消息内容
    tos. show （　); //显示消息
}
```

— 169 —

定义 Toast 对象；在 onCreate （   ） 中调用 Toast 类提供的 makeText （   ） 方法创建 Toast 对象；修改 onClick （   ） 方法，编写 setText （   ） 方法设置该消息提示的对齐方式、显示时间、显示的内容等；调用 Toast 类的 show （   ） 方法显示消息提示框。再次运行程序，显示结果如图 5.5.3 所示。

5.5.6　多 Activity 设计

在 Android 中，Activity 代表手机屏幕的一屏，或是平板电脑中的一个窗口。它是 Android 应用的重要组成单元之一，提供了和用户交互的可视化界面。通常 Android App 都不止一屏画面，需要创建和设计多个 Activity。

当在一个 Activity 中启动另一个 Activity 时，可以通过 Intent 来实现，按照启动方式不同可分为两类。明确意图 （Explicit Intent） 类型就是明确的指明要启动类名称，通常是用来启动自己程序中的 Activity。另外一种隐式意图 （Implicit Intent） 类型，是在 Intent 中指出想要进行的操作 （如拨号，显示，编辑，搜索等） 及数据 （如电话号码，显示的地址，编辑通讯簿，网址等），让系统找出合适的 Activity 来执行相关操作。

下面我们继续在实例 3 中设计一个新 Activity，用于说明 BMI 计算器的评估方法。

① 首先设计新 Activity 的界面。在 Project 面板中右击 app，选择 New/Activity/Empty Activity，新建一个空白的 Activity。

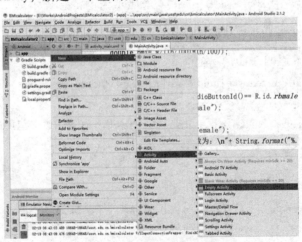

图 5.5.4　新建一个 Activity

② 为新 Activity 命名为：SecActivity，点击 Fininsh 按钮创建成功。

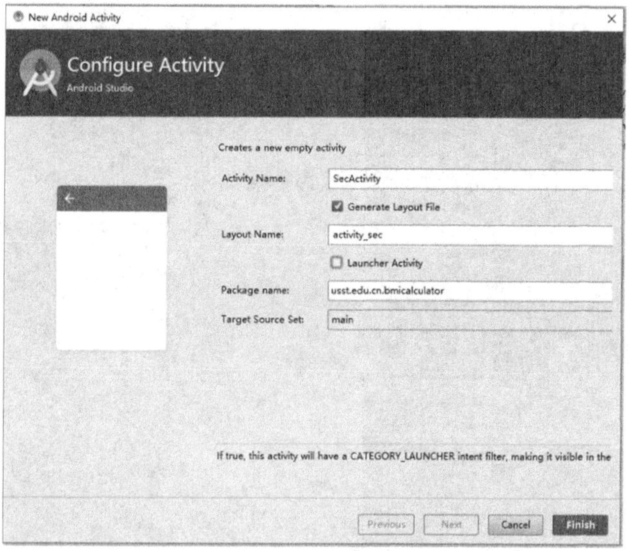

图 5.5.5　为新 Activity 命名

③ 按照 MainActivity 的设计方法在 SecActivity 中加入三个 TextView 组件，并设置内容和 id 值。设计效果和结构如下图所示。

图 5.5.6　设计 SecActivity 界面

④ SecActivity 中除了三个 TextView 组件，还有一个 ImageView 组件，用来置入内置的图片。同样，先将素材图片放置到本项目的…＼BMIcalculator＼app＼src＼main＼res＼drawable＼ 文件夹中，设置 ImageView 组件的 src 属性，点击 src 属性旁的按钮可以打开 Resources 资源对话框，选择所需的素材图片（如图 5.5.7 所示）。这样 SecActivity 界面就设计好了。

成人的BMI数值

体重指数	男性	女性
过轻	低于20	低于19
适中	20-25	19-24
过重	25-30	24-29
肥胖	30-35	29-34
非常肥胖	高于35	高于34

专家指出，最理想的BMI指数是22。

342×272 px (342×272 dp @ mdpi)
@drawable/form => form.PNG

src: [ ] ...
id: imageView

图 5.5.7　设置 ImageView 组件的 src 属性

⑤ 用明确 Intent 启动 Activity，需要调用先创建 Intent 对象，设置要启动的 Activity 类，然后启动目标 Activity。

⑥ 要启动 SecActivity，是通过点击 MainActivity 上的"说明"按钮来实现的。由于 MainActivity 上有两个 Button 按钮，因此 onClick（View v）方法响应时需要先判断用户点击操作的是哪个按钮，即判断事件的来源对象。onClick（View v）方法的参数 v 就是事件的来源对象，由于它是 View 类对象，可以使用 getId（ ）方法获取来源对象的 id，通过资源 id 就可以区别引发事件的组件了。因此，先在 onCreate（ ）方法中设置"说明"按钮的监听对象，再修改 onClick（View v）方法，处理来自不同来源对象的相同事件，程序代码如下：

```
protected void onCreate（Bundle savedInstanceState）{
    ……………………………………
    txt. setOnClickListener（this）；//设置监听对象
}
public void onClick（View v）{
    double w = Double. parseDouble（weight. getText（ ）. toString
（ ））；
    double h = Double. parseDouble（height. getText（ ）. toString
（ ））；
```

```
double bmi = w/ ((h/100) * (h/100));
String msg;
if (sextype. getCheckedRadioButtonId ( ) = = R. id. rbmale)
    msg = BMIvalues (bmi, "male");
else
    msg = BMIvalues (bmi, "female");
if (v. getId ( ) = = R. id. btcal)
 {
    txv. setText ("你的 BMI 指数为： \ n" + String. format ("%.
2f", bmi) + "KG/M2 \ n" + msg); //将 BMI 计算结果显示到文本
框中
    tos. setText ("评估结果:" + msg);
    tos. show ( );
}
else {
Intent it = new Intent ( ); //创建 Intent 对象
it. setClass (this, SecActivity. class); //设置要启动的 A
```

⑦ 最后可以通过 USB 接口或无线网络将手机与电脑连接，在…\ BMIcal-culator \ app \ build \ outputs \ apk \ 文件夹中找到生成的 apk 包，双击发送到手机上，安装 app 后即可运行。手机的运行效果如图 5.5.8 所示。

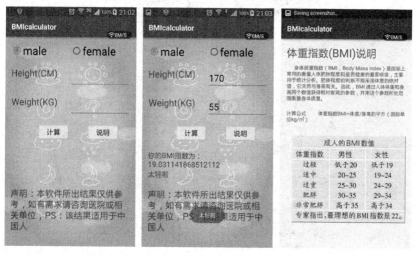

图 5.5.8 两个 Activity 运行结果

5.6 Android App 的多媒体程序设计

音频、视频等多媒体内容是移动平台必不可少的部分，这节就来制作一个简单的音乐播放器，使用 MediaPlayer 播放音乐。

5.6.1 音乐播放器制作

① 打开 Android Studio 软件进入欢迎界面，点击 Start a new Android Studio project，参照实例 1 创建新项目文件 "Miniplayer"。

② 设计音乐播放器的 UI 界面。本程序是一个简单的音乐播放器，一共有两个页面。第一个页面启动页面，第二个页面播放音乐界面。音乐播放器界面和组件结构如图 5.6.1 和 5.6.2 所示。

图 5.6.1　音乐播放器的两个 Activity 界面

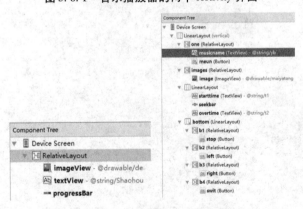

图 5.6.2　音乐播放器组件结构

③ 音乐播放器的 UI 界面设计好后，在 res 目录下新建一个 raw 文件夹，直接复制播放的 mp3 文件到 raw 目录下，R. java 会自动生成 id（mp3 文件本身就是二进制流文件）。

④ 在程序启动的时候，先出现第一个页面，页面上出现进度条，由第一个页面 finish 到第二个页面 start，一共需要 5 秒，建立一个线程来控制时间。程序代码如下：

```
package com. example. ceiltdorn. miniplayer3;
import android. content. Intent;
import android. os. Handler;
import android. os. Message;
import android. support. v7. app. AppCompatActivity;
import android. os. Bundle;
    public class Main2Activity extends AppCompatActivity {
        Handler handler = new Handler( ) {
        public void handleMessage( Message msg) {
            if ( msg. what = = 250) {
                Intent intent = new Intent( Main2Activity. this, MainAc-
tivity. class);

                startActivity( intent);
                finish( ); }
            }
        };
    @ Override
    protected void onCreate( Bundle savedInstanceState) {
        super. onCreate( savedInstanceState);
        setContentView( R. layout. activity_main2);
        WaitThread thread = new WaitThread( );
        thread. start( );
}
public class WaitThread extends Thread {
        @ Override
        public void run( ) {
            try {
```

```
                    Thread. sleep(10000);
            }
            catch (InterruptedException e) {
                    e. printStackTrace( );
            }
            Message message = new Message( );
            message. what = 250;
            message. arg1 = 1;
            handler. sendMessage(message);
        }
    }
}
```

⑤ 音乐播放界面一共有五个按钮，本次实现两个按钮的功能，一个是播放功能，一个是从头开始功能（如图所示）。程序代码如下：

图 5. 6. 3   音乐播放按钮

```
import android. media. MediaPlayer;
import android. os. Handler;
import android. support. v7. app. AppCompatActivity;
import android. os. Bundle;
import android. view. KeyEvent;
import android. view. View;
import android. widget. Button;
import android. widget. ImageView;
import android. widget. SeekBar;
```

```
import android. widget. TextView;
import java. io. IOException;

public class MainActivity extends AppCompatActivity implements View. On-
ClickListener {
    private TextView musicName;//上边显示歌名
    private Button menu;//菜单按钮
    private ImageView image;//显示图片
    private TextView startTime;
    private TextView countTime;
    private SeekBar seekBar;
    private Button play;
    private Button stop;
    private Button next;
    private Button last;
    private MediaPlayer player;
    @ Override
    protected void onCreate( Bundle savedInstanceState) {
        super. onCreate( savedInstanceState);
        setContentView( R. layout. activity_main);
        initView(   );
        player = MediaPlayer. create( this, R. raw. celebration);//初始化音
乐播放器
        seekBar. setMax( player. getDuration(   ));//设最大值
        seekBar. setOnSeekBarChangeListener( new SeekBar. On
SeekBarChangeListener(   ) {
            @ Override
            public void onStopTrackingTouch ( SeekBar seekBar)
   {
                // TODO Auto – generated method stub
            }
            @ Override
            public void onStartTrackingTouch ( SeekBar seekBar) {
                // TODO Auto – generated method stub
```

```
        }
        @ Override
        public void onStartTrackingTouch(SeekBar seekBar) {
            // TODO Auto - generated method stub
        }
        @ Override
        public void onProgressChanged(SeekBar seekBar, int progress,
                        boolean fromUser) {
            // TODO Auto - generated method stub
            if(fromUser) {
                player. seekTo(progress) ;
            }
        }
});
    }
    private void initView(   ) {
        // TODO Auto - generated method stub
        musicName = (TextView) findViewById(R. id. musicname) ;
        menu = (Button) findViewById(R. id. meun) ;
        image = (ImageView) findViewById(R. id. image) ;
        startTime = (TextView) findViewById(R. id. starttime) ;
        countTime = (TextView) findViewById(R. id. overtime) ;
        seekBar = (SeekBar) findViewById(R. id. seekbar) ;
        play = (Button) findViewById(R. id. stop) ;
        stop = (Button) findViewById(R. id. swit) ;
        next = (Button) findViewById(R. id. right) ;
        last = (Button) findViewById(R. id. left) ;
        menu. setOnClickListener(this) ;
        play. setOnClickListener(this) ;
        stop. setOnClickListener(this) ;
        next. setOnClickListener(this) ;
        last. setOnClickListener(this) ;
    }
    @ Override
```

```
public void onClick（View v）｛
    // TODO Auto – generated method stub
    int id = v. getId（   ）;//点击按钮的 id
    switch（id）｛
        case R. id. meun：
            break;
        case R. id. stop：
            player. start（   ）;
            handler. post（run）;//开启
            break;
        case R. id. swit：
    player. stop（   ）;
    try｛
                player. prepare（   ）;
            ｝catch（IllegalStateException e）｛
                // TODO Auto – generated catch block
                e. printStackTrace（   ）;
            ｝catch（IOException e）｛
                // TODO Auto – generated catch block
                e. printStackTrace（   ）;
            ｝
            break;
        case R. id. right：
            break;
        case R. id. left：
            break;
    ｝
｝
Handler handler = new Handler（   ）;
Runnable run = new Runnable（   ）｛
    @ Override
    public void run（   ）｛
        seekBar. setProgress（player. getCurrentPosition（   ））;//音乐
播放器当前值
```

```
                setTime(   );
                handler. postDelayed(run, 200);//延时调用
          }
    }     public void setTime(   ){//设置时间的方法
          int now = player. getCurrentPosition(   );//获取当前播放速度
          int count = player. getDuration(   );//获取总进度
          int second = now/1000;//当前有多少秒
          int csecond = count/1000;//总共有多少秒
          startTime. setText(second/60 + " : " + second%60);
          countTime. setText(csecond/60 + " : " + csecond%60);
    }
    public boolean onKeyDown(int keyCode, KeyEvent event) {
          // TODO Auto - generated method stub
          if(keyCode = = KeyEvent. KEYCODE_BACK){
                player. stop(   );
                player. release(   );//释放资源
                handler. removeCallbacks(run);//线程移除
                finish(   );          }
          return super. onKeyDown(keyCode, event);
    }
}
```

⑥ 最后可以通过 USB 接口或无线网络将手机与电脑连接，在…\ BMIcal-culator \ app \ build \ outputs \ apk \ 文件夹中找到生成的 apk 包，双击发送到手机上，安装 app 后即可运行。

5.6.2　视频播放器制作

① 打开 Android Studio 软件进入欢迎界面，点击 Start a new Android Studio project，参照实例 1 创建新项目文件"Videotest"。

② 设计视频播放器的 UI 界面。本程序是一个简单的视频播放器。启动页面中包含播放和暂停两个 Button 组件和一个 VideoView 组件。视频播放器界面和组件结构如图 5.6.4 和 5.6.5 所示。

图 5.6.4 视频播放器　　图 5.6.5 视频播放器组件结构

③ 视频播放器的 UI 界面设计好后，在 res 目录下新建一个 raw 文件夹，直接复制播放的 mp4 文件到 raw 目录下，R. java 会自动生成 id（mp4 文件本身就是二进制流文件）。

④ 启动程序后，点击播放按钮开始播放视频文件，点击暂停按钮视频文件停止播放，再次点击播放按钮可以恢复播放。在 MainActivity. java 中添加程序代码如下：

```
package com. example. math. vediotest;
import android. net. Uri;
import android. support. v7. app. AppCompatActivity;
import android. os. Bundle;
import android. view. View;
import android. widget. Button;
public class MainActivity extends AppCompatActivity {
    private Button start = null;
    private Button pause = null;
    private VideoView videoView = null;
    @ Override
    protected void onCreate( Bundle savedInstanceState) {
        super. onCreate( savedInstanceState);
        setContentView( R. layout. activity_main);
```

```
    pause = (Button) findViewById(R. id. pause);
        start = (Button) findViewById(R. id. play);
        videoView = (VideoView) findViewById(R. id. video);
        Uri uri =
Uri. parse("android. resource://com. example. math. vediotest/"
            + R. raw. movie); // 获取要播放的文件对应的 URI
        videoView. setVideoURI(uri); // 指定要播放的视频
        registerButtonHandler();
        videoView. requestFocus(); // 让 VideoView 获得焦点
    }
    private void registerButtonHandler() {
        start. setOnClickListener(new View. OnClickListener() {
            @ Override
            public void onClick(View v) {
                videoView. start(    );
            }
        });
        pause. setOnClickListener(new View. OnClickListener() {
            @ Override
            public void onClick(View v) {
                if(videoView. isPlaying(   )) {
                    videoView. pause(   );
                } else {
                    videoView. start();
                }
            }
        });
    }
}
```

⑤ 最后可以通过 USB 接口或无线网络将手机与电脑连接，在…\ BMIcal-culator \ app \ build \ outputs \ apk \ 文件夹中找到生成的 apk 包，双击发送到手机上，安装 app 后即可运行。

思考题

1. 试比较 RelativeLayout 和 LinearLayout 两种布局方式的异同点。

2. 采用 View 与 ViewGroup 等基本组件，如 TexView，Edit Text，Radio Button，ImageView 等组件，设计一个多 Activity 页面的 Android App 界面。

3. 如何采用 Intent 方式启动手机内的电子邮件、短信、浏览器、地图等应用程序。

4. 设计一款包含音频或者视频的安卓 App 程序。

第6章 移动媒体技术前沿

6.1 虚拟现实技术

6.1.1 虚拟现实的基本概念

VR，即虚拟现实技术（Virtual Reality），是由美国VPL公司创建人拉尼尔（Jaron Lanier）在20世纪80年代初提出的。其核心技术是在计算机上生成的可交互的三维环境中提供沉浸感觉的技术。其具体内涵是：综合利用计算机图形系统和各种现实及控制等接口设备，让使用者及时、没有限制地感知虚拟空间内的事物。虚拟现实是一种可以创建和体验虚拟世界的计算机系统，它利用计算机技术生成一个逼真的，具有视、听、触、嗅、味觉等多种感知的虚拟环境，用户通过使用各种交互设备，同虚拟环境中的实体相互作用，从而产生身临其境感觉的交互式视景仿真和信息交流，是一种先进的数字化人机接口技术。

美国是虚拟现实技术的发源地。Virtual Reality是由美国VPL公司创建人拉尼尔在20世纪80年代初提出。虚拟现实系统最早源于美国军方的作战模拟系统，20世纪90年代初逐渐为各界所关注，并且在商业领域得到了进一步的发展。由于虚拟现实技术目前正处于发展阶段，因而进入该领域的企业不仅有IBM、微软这样的大型公司，也有一批有活力的中小型公司。目前，美国在虚拟现实领域的基础研究主要集中在感知、用户界面、后台软件和硬件四个方面。

在当前实用虚拟现实技术的研究与开发中、日本是比较活跃的国家之一，主要致力于建立大规模VR知识库的研究。另外，在虚拟现实的游戏方面的研究也做了很多工作。但是日本大部分虚拟现实硬件是从美国进口的。在 VR 开发的某些方面，特别是在分布并行处理、辅助设备（包括触觉反馈）设计和应用研究方面，在欧洲英国是领先的。欧洲其他一些较发达的国家如荷兰、德国、瑞典等也积极进行了 VR 的研究与应用。

中国的 VR 技术的研究起步于 20 世纪 90 年代初。随着计算机图形学、计算机系统工程等技术的高速发展，VR 技术得到相当的重视。

2015 年，VR 概念开始在中国的一线城市以及科技圈、媒体圈、游戏硬件爱好者之间兴起。在资本推动下，VR 产业的扩张速度加快，再加上普通 VR 眼镜的售价比较低，VR 设备开始在年轻群体之间流行。2015 年，中国 VR 市场规模为 14.8 亿元，行业的大部分公司或处于初创阶段，或是一线互联网企业布局。VR 作为一项开拓性技术，未来的市场被资本和用户看好，在各领域的应用都有着巨大潜力，预计到 2020 年，VR 市场规模将达 589.5 亿元。具体数据如图 6.1.1 所示。

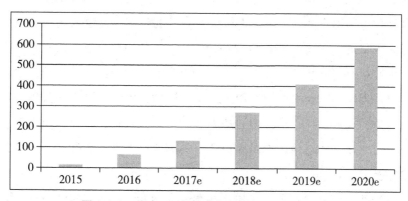

图 6.1.1　国内 VR 行业市场规模及预测（亿元）

6.1.2　虚拟现实的核心

VR 有三个核心特征：沉浸感（Immersion）、交互性（Interactivity）、构想性（Imagination）。

沉浸感是虚拟现实最重要的基本特征，沉浸感就是让人沉浸到虚拟的空间之中，脱离现有的真实环境，获得与真实世界相同或相似的感知，并产生"身临其境"的感受。交互性是虚拟现实的实质特征，交互性就是通过硬件和软件设备进行人际交互，包括用户对虚拟环境中对象的可操作程度和从虚拟环境中得到反馈的自然程度。构想性是虚拟现实的最终目的之一，构想性是指用户在虚拟世界中根据所获取的多种信息和自身在系统中的行为，通过逻辑判断、推理和联想等思维过程，随着系统的运行状态变化而对其未来进展进行想象的能力。

1. 交互性是虚拟现实的核心

虚拟现实核心是交互性。在交互设备支持下能以简捷、自然的方式与计算机所生成的"虚拟"世界对象进行交互作用，通过用户与虚拟环境之间的双向感知建立起一个更为自然、和谐的人机环境来保证的。因此，人机交互是虚拟现卖为用户提供体验、走向应用的核心环节。

人机交互是实现用户与计算机之间进行信息交换的通路，用户界面则是这一通路传递和交换信息的桥梁。理想状态下，人机交互将不再依赖机器语言，在没有键盘、鼠标以及触摸屏等中间设备的情况下，随时随地实现人机自由交流，从而实现人们的物理世界和虚拟世界的最终融合。但受技术水平的限制，目前这种理想还达不到。因此，人机交互设计的目标是通过适当的隐喻，将用户的行为和状态（输入）转换成一种计算机能够理解和操作的表示，并把计算机的行为和状态（输出）转换为一种人能够理解和操作的表达，通过界面反馈给人：虚拟现实一方面需要感知用户的肌肉运动、姿势、语言和身体跟踪等多个感官通道的输入信息，另一方面从人类的视觉、听觉、触觉、嗅觉等多个感官通道三维交互能够增强用户对虚拟环境的感知，提供自然的交互，这是虚拟现实最重要的交互方式。

用于交互的通道方式可以用中医术语"望闻问切"来概括：对于用户侧，用户通过自身的感知通道以"望闻问切"四种方式来感知虚拟现实环境的状态；对于系统侧，系统通过各类传感器同样用"望闻问切"四种方式感知用户的输入。

即，用户侧四种方式含义如下：

① 望：通过人的视觉通道观察虚拟场景，包括 2D 图像或立体显示图像；

② 闻：通过听觉（耳朵）通道感知虚拟声音；

③ 问：用户可以通过语音与系统对话；

④ 切：用户利用触觉感受器感知系统的力触觉呈现。

虚拟现实系统侧四种方式含义如下：

① 望：通过计算机视觉技术以非接触的方式捕获用户的运动、动作或表情，如手势、姿势、眼动；

② 闻：利用麦克风阵列捕获用户的语音；

③ 问：系统向用户询问其意图；

④ 切：系统通过用户佩戴或触碰不同类型的传感器感知用户肢体的空间方向或位置、加速度、触点、肌肉伸缩扭转甚至脑神经区电信号的变化，如操作杆、触控、数据手套、惯性跟踪等。

通过"望闻问切"这四种方式实现自然人机交互，这就是虚拟现实的交互范式。在图形用户界面中，需要学习鼠标的使用、记忆各种图标所代表的操作意义；在自然用户界面中，只需要以最自然的交流方式（如眼动、语言、表情、手势和肢体）在交互环境（移动、桌面、空间环境）中与机器进行互动。当然，发展中的脑机接口有可能带来更大的变化，即获取用户的意图来操控虚拟现实场景，但场景的反馈输出还是需要通过传统的通道为用户所感知。

2. 虚拟现实需要完成的交互任务

人们是生存在三维空间中的，在日常生活中，围绕着三维世界习到了许多操纵三维对象和在三维空间运动的技能，并能很好地理解三维空间关系。因此，采用三维交互方式，能够充分发挥人类这些固有的技能，使虚拟现实人机交互更为自然和谐、为用户所理解。因此，面向虚拟环境的三维交互，是虚拟现实人机交互研究重点。

三维用户界面是虚拟现实人机交互最主要的界面形式，三维交互任务在三维用户界面设计中处于核心地位。三维交互任务分为三类，分别是：选择/操纵、导航、系统控制。

（1）选择/操纵的基本任务包含选择、定位和旋转

选择任务指的是到达目标的距离、相对目标的方位、目标的尺寸，目标周围的对象密度，要选择目标的数目，目标遮挡；定位任务指的是相对初始位置的距离和相对方位、相对目标位置的距离和方位、平移距离，要求的定位精度；旋转任务指的是相对目标的距离、初始方位、终止方位、旋转量和要求的旋转精度。

（2）导航任务主要分为漫游和路径查找任务

其中，漫游是导航的动力构件，是用户控制视点位置和方向的一种低层。活动，是最普通和通用的任务，例如脚的移动、旋转方向盘、松开制动踏板等；路径查找是导航的认知构件，是与用户运动有关的高层思考、规划和决策。它包含空间理解和规划任务，如确定在环境中的当前位置、确定从当前位置到目标位置的路径、建立环境的意念地图等。

（3）系统控制任务指的是改变系统交互模式和系统状态的那些系统命令，例如请求系统执行一个特定功能、更改交互模式和更改系统状态等

虚拟现实交互的效果，很大程度上依赖于所应用的交互任务，规范任务方法把操作任务简化到它们最本质的性质，这种规范任务的分类方法，考虑了任务和实现任务的方法，对虚拟现实人机交互的设计具有重要指导意义。

当然，对于一些复杂的特殊任务，一般的操作任务就没有意义了，就需要针对特定的应用进行更详细的交互任务设计。例如在虚拟现实医学训练应用中，医学探针相对于内部器官的虚拟三维模型的定位，飞行仿真器中虚拟飞机控制手柄的移动等。

6.1.3　虚拟现实的主要技术手段

VR 是早在 50 多年前，科学家们就已经提出了的技术构想。美国计算机图形学之父 Ivan Sutherland 在 1968 年开发了第一个图形可视化的"虚拟现实"设备，但在当时还不叫"虚拟现实"，而是被称为"头戴显示"或"头盔显示"（head–mounted display，HMD）。如图 6.1.2 所示。就技术层面而言，现阶段的虚拟现实眼镜或者虚拟现实头盔仍可划分为 HMD 的范畴。

2013 年，谷歌眼镜（Google Glass）面市，如图 6.1.3 所示。"虚拟现实"这个术语开始进入公众视野。但当时的谷歌眼镜没有双目立体视觉，所以称为 Google Glass，而不是 Google Glasses。尽管谷歌眼镜的整体显示效果低于同一时期的手机和计算机，但其新颖的成像方式还是引起了人们的极大关注。这背后揭示了人们对于已经沿用了 20 多年的传统平面显示方式的审美疲劳和对新颖显示方式的强烈期待。但近 10 年来，相关的技术的迅猛发展，为 VR 的商业化和产品化奠定了技术基础。

图 6.1.2　头盔显示

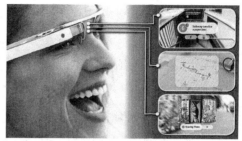

图 6.1.3　Google Glass

1. VR 基本原理

虚拟现实的三维成像原理并不复杂，其基本原理和 3D 电影院一致，如图 6.1.4 所示，都是给左右眼分别呈现不同的图像，从而产生双目视差。当大脑在合成左右眼的图像时，会根据视差大小判断出物体的远近。虚拟现实眼镜不仅提供了双目视差，还提供了 3D 电影院所不具备的移动视差信息。当坐在 3D 电影院的第一排最左边和最右边的位置时，所看到的 3D 内容是一样的。但正确的 3D 成像方式应该是：坐在最左排的观看者看见物体的左侧面，坐在最右排的观看者看见物体的右侧面。例如观看桌面上的茶杯时，左右移动头部会看见茶杯的不同侧面。如图 6.1.5 所示，虚拟现实眼镜同时提供了双目视差和移动视差，不仅左右眼图像不同，而且当旋转或平移头部时，看见的 3D 内容也不同。

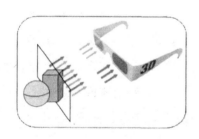

图 6.1.4　3D 电影院成像原理

图 6.1.5　虚拟现实头戴显示设备 Oculus Rift

2. VR 的交互设备

VR 的交互设备给用户提供了感受和使用 VR 技术的基础。用户如何输入信息以及系统如何显示输出信号，对于虚拟现实人机交互设计来说非常重要。传统计算机视觉显示器能显示二维图像，但虚拟现实需要使用更高级的显示器提供立体观察。另外，很多虚拟现实还用到非视觉显示器，需要向其他感觉器官呈现信息。从理论上说，虚拟现实往往需要为用户提供同时操作的更多自由度，还要为用户需要给出位置、方向、手势等三维空间中的行为来完成复杂的交互任务。

（1）输出显示设备概述

虚拟现实系统通过输出硬件向用户的一种或几种感官器官提供信息，其中的大部分设备主要用来刺激人的视觉、听觉和触觉。虚拟现实交互输出设备主要包含视觉显示设备、听觉输出设备和力/触觉输出设备。

① 视觉显示器。视觉显示设备的属性包含观察区域和可视区域、空间分辨率、显示屏形状、光线传播、刷新率和功效学等。虚拟现实交互视觉显示设备的设计根据一般包含单眼的静态线索、眼球的运动线索、运动视差、双眼视觉不一致性和立体成像等。虚拟现实的视觉显示设备种类一般有终端显示器、环屏显示器、工作台显示器、半球形显示器、头盔显示器（HMD）和悬臂式显示器（AMD）等。

② 声音显示器。声音显示器的一个重要作用是通过产生和显示空间三维声音，使参与者可以利用他的听觉定位（判断声源的位置和方向）能力的优势。三维声音定位线索包含双耳线索（两耳时差、声强差）、声强、声谱（高频率有用）、动态线索（很弱）、回声（很弱）、头部相关传递功能（描述了声波与人外耳的交互，HRTF（head-related transfer function）会根据声源的位置对声波进行更改，这种更改后的声波，向听者提供的定位线索声音输出的主要类型有：简单音素、图标式音素和自然声音（录制或语音合成）。声音在虚拟现实人机交互中往往作为第二种反馈形式输出，或作为其他感应通道（如触觉）的替代效果，一般使用耳机和外部扬声器为用户输出立体声、环绕立体声和3D音频等。

③ 力/触觉输出显示器。虚拟现实中力/触觉输出显示器设备主要根据触摸线索、肌肉运动知觉线索和运动神经子系统而设计。触觉输出设备可以分为以地面为参考系、以身体为参考系和直接刺激神经产生三种主要类型。常用的力/触觉输出设备有数据手套、力反馈鼠标、力反馈操纵杆、力反馈方向盘和力反馈手臂等。这些输出设备能有效增强交互的真实性，但是模拟真实世界触觉

感受非常困难，有时候还可能使用户产生恐惧感，而且往往需要制作特定的机械设备。

（2）输入设备概述

虚拟现实人机交互设计中的一个同样重要的部分，是选取一组合适的输入设备，实现用户和应用任务的通信。就像输出设备一样，当开发虚拟现实的人机交互时，也有很多不同类型的输入设备可供选择，某些设备对特定的任务比其他设备更合适。虚拟现实中三维交互输入设备可以分为离散输入设备、连续输入设备和直接人体输入设备。

① 离散输入设备。这类设备根据用户动作一次产生一个事件，生成一个简单的数值（布尔值或一个集合中的元素），常用于改变模式或者开始某个动作，用于离散型的命令界面，例如键盘、pinch glove 等。

② 连续输入设备。这类设备利用包括力、热、光、电和声等不同传感器跟踪用户的连续动作，跟踪点的数据包括位置、方向或者加速度等信息。典型的设备如三维鼠标、电磁跟踪器、力反馈手套、数据手套、内置传感器的手柄 Wii Remote、摄像机、深度相机 Kinect、Leapmotion、3D 摄像头 RealSence 等，如图 6.1.6 所示。

图 6.1.6　深度相机 Kinect

③ 语音和生理信号感知设备，收集语音或者其他生理信号。这类设备主要包含语音输入、生物电输入和脑电波输入等，代表性的语音输入产品有智能音箱 Google Home 和语音助手 Amazon Echo。Google Home 是配有内置扬声器的语音激活设备，可以在智能家居中通过语音控制家庭设备。Amazon Echo 是一款实时联网的圆筒状设备，可以在生活中充当助手。用户用普通语音提出问题时，Amazon Echo 也会用语音作答，还能列出购物清单。生物电输入设备主要

通过生物电传感器读取人的肌肉或神经信号变化而交互，主要用于智能可穿戴设备中。

脑电波输入设备通过脑电图 EEG 信号等监视脑电波的活动，代表性产品 NeuroSkymind Wave 意念耳机、能操控无人机的 EmotiveInsingh、能锻炼专注力的意念头箍 BrainLink 和能模仿表情的 EmotivEpoc 等。这些直接人体输入设备可以作为其他输入通道的补充，是理想的虚拟现实交互必不可少的部分。在虚拟现实人机交互设计中，输出/输入设备的选择需要考虑具体交互技术的需求、输入设备和输出设备之间的相互约束和多通道交互之间的互补等。在实践中，费用往往是最大的因素，还需要考虑交互技术的设计是否受给定设备的限制，是否需要为实现交互技术购买先进的设备，以及是否需要为交互技术制作新的交互设备等。

（3）实际应用到的设备

在实际应用当中，VR 产品的形态主要分为 3 种：基于手机的 VR、VR 一体机、基于 PC 机的 VR，主要特点如表 6.1.1 所示。由于技术和成本的限制，当前的 VR 产品都在价格、性能、舒适度三者之间平衡，上述 3 种形态的 VR 产品只是在不同的方面有所侧重。目前消费市场中尚未出现低价格、高性能的轻薄 VR 眼镜。同时从表 6.1.1 中也可以看出，从低廉的到昂贵的 VR 产品都会引起眩晕和人眼疲劳。高性能的 VR 产品在眩晕的耐受时间上稍微有所延长，但仍然无法达到像智能手机一样长时间使用。

表 6.1.1   当前 VR 产品形态

VR 产品形态	价格	运算性能	续航时间	佩戴	VR 体验	眩晕
基于手机的 VR	低廉百元级	中等嵌入式等级	中等取决于手机	较重	一般	是
VR 一体机	昂贵千元级	中等嵌入式等级	较短数小时	沉重	一般	是
基于 PC 的 VR	总价最高需高配置	较高取决于 PC	无限时长	较轻	较好	是

虚拟现实根据使用场景大致可以分为座椅式、站立式，场地式。顾名思义，座椅式 VR 限制用户位在座椅上，只能检测到视点的姿态旋转变换（Pitch，Yaw，Roll），而忽略视点平移变化。如图 6.1.7 所示，Pitch 围绕 x 轴旋转，也叫做俯仰角，Yaw 是围绕 y 轴旋转，也叫偏航角，Roll 是围绕 z 轴旋转，也称翻滚角。而站立式 VR 和场地式 VR 都能同时检测到视点的姿态旋转

变化和平移变化。站立式 VR 允许用户在独立的房间内（一般为 10m×10m 以内）自由走动，活动范围较狭窄，不适用于模拟大范围的场景。场地式 VR 理论上允许用户可以在无限范围内自由走动，是真正意义上的虚拟世界。但鉴于场地有限，传感器的工作范围有限，在实际中，场地式 VR 需要万向跑步机的支撑，将跑步机履带的平移数据转化为人体的移动数据。

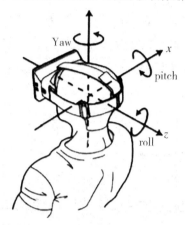

图 6.1.7 头部姿态变化的 3 个自由度

表 6.1.2 中所列举的交互方式是对应场景下的主要交互方式而非唯一交互方式。目前，虚拟现实还没有标准的输入设备。在传统手柄的基础上，出现了一些新颖的 VR 输入方式。头控是指通过头部的运动改变指针位置，通过悬停表示确认。线控是指通过现有的连接线（例如耳机线）实现简单的按键操作。触摸板一般位于 VR 头盔的侧面，与笔记本电脑的触摸板实现相同的功能。根据 VR 场景，交互方式也可以是仿手型手柄，例如枪械、手术刀等。

表 6.1.2 当前 VR 使用场景

VR 应用场景	视点自由度	活动范围	交互	定位
座椅式	三轴旋转	半径 1m	手柄为主头控，线控触摸板	头部角度定位
站立式	三轴旋转和平移	独立房间	仿手型手柄为主例如枪械、手术刀	头部角度定位和平移定位 手柄角度定位和平移定位
场地式	三轴旋转和平移	理论上可无限扩展	根据应用而定需要万向跑步机	头部角度定位和平移定位 手柄角度定位和平移定位

6.1.4　虚拟现实技术的主要应用领域

虚拟现实技术已经在航空航天、船舶建造与设计、军事模拟、机械工程、先进制造、城市规划、地理信息系统、医学生物等领域，显示出巨大的经济、军事和社会效益，同时，它也正在向国防军事、航空航天、装备制造、智慧城市、医疗健康、公共安全、教育文化、旅游商务、全景直播等许多行业领域渗透，逐渐成为各行业发展的新的信息技术支撑平台，将对各行业产生颠覆性影响，推动其实现升级换代式发展。"VR +"成为未来发展的趋势。

1. VR 在军事方面应用

主要是军事仿真训练，这种训练方式可以构建任何作战环境和作战目标，避免可能的风险并节约大量经费。美军目前 40% 的军事训练是在虚拟现实/增强现实环境下进行的。1983 年，美国就研制了当时著名的 SIMMBT 系统，将分布在美国和英、德的飞机、坦克模拟器，通过远程网络连接在一起，构成分布式虚拟战场环境，进行异地的军事训练，此后又陆续开发了各军兵种和综合化的虚拟现实军事训练系统，如 JSIMS、JMASS、STOW 和 WARSIM2000 等，并形成了支持分布交互仿真的 IEEEDIS 标准。2014 年，美国 DARPA 在五角大楼的公众开放日展示中，演示了未来网络战争和机器人战场计划中的士兵增强现实感知技术，作战人员在战场上通过头戴设备可以看到整个战场态势，分辨敌军我军，以及接受作战指令等。

2. VR 在民事方面应用

（1）媒介事件的深度传播：VR + 事件直播

Next VR 等公司已经通过专属算法和 360 度摄像机来提供体育和其他事件的 VR 直播，让用户有一种身临其境的感觉，好像自己就在现场。在 2016 年 10 月，美国萨克拉门托国王队斥资 5.07 亿美金修建的新球场开放。值得宣传一番的是，新球场不仅拥有一系列 84 英尺悬挂大屏幕（接近篮球场的宽度），还有家庭宽带一样的高速 WIFI，供球迷的移动电子设备使用。这一新球场的无线网络是专为球迷未来 VR 看球而准备的。从长远角度讲，事件直播可能成为最有前景的主流 VR 应用，但版权等问题仍待解决。不难想象，在 VR 方面，事件直播产业将成为一个大赢家，因为当前电视直播的观看体验根本无法与沉浸式 VR 体验相提并论。

（2）3D 效果后的全新探索：VR + 影视

相对于 3D、巨幕电影等围绕着平面银幕做出的革新，VR 电影对视听语言和叙述方式的改变堪称一场革命性的再创造。传统影院电影是在二维平面上呈现影像，而 VR 电影由于 360 度视点的存在，能用影像构建一个三维空间。VR 电影更像是一个电影的游戏化，观众可以选择不同的视角，以一个"局内人"的身份完全沉浸并参与到故事中，体验感知不同的故事进展与结局。

（3）角色扮演游戏的颠覆体验：VR + 游戏

传统电影是线性的，观众跟着影像走，而 VR 中观众成了主体，冲击着传统电影"说故事"的方式。相较于天然拥有观众视角的游戏产业，文化产业中的影视业与 VR 达到真正融合还有更长的路要走。笔者认为，在文化产业中，随着虚拟现实设备及内容、移动游戏操控设备等细分领域的蓬勃发展，虚拟游戏将更快实现与 VR 的融合，预计在未来几年，VR 游戏的市场规模将占到整个虚拟现实行业市场规模的将近50%。

3. 国内 VR 发展及应用

我国的虚拟现实科研水平逐步逼近美国等发达国家，并取得了一些典型应用成果。例如在军事领域，原北京军区和国防大学研发的虚拟现实系统已用于实际军事指挥训练和教学。在装备制造领域，清华大学国家 CIMS 工程技术研究中心正在建立虚拟制造研究基地；上海交通大学、西北工业大学等开展了虚拟设计、虚拟装配、虚拟样机等技术的研究；哈尔滨工业大学开展了多机器人的虚拟生产平台、虚拟加工检测、虚拟坐标测量等技术的研究。北航与上海商飞合作，开展了虚实融合关键技术及其应用研究，成果应用于飞机驾驶舱设计、装备拆装维护等方面，取得了良好效果。在医疗健康领域，在国家自然科学重大基金的支持下，北航与有关单位合作陆续研发了牙科手术模拟器、心血管介入手术模拟器以及腹腔镜手术模拟器，目前正在向产业化方向推进。民政部康复中心制定了建设基于虚拟现实的康复基地的规划。

6.1.5 VR 的技术瓶颈

虚拟现实技术经过近几年的快速发展,各方面性能逐步完善,但仍然面临着一些关键技术有待改进和突破。主要可以概括为下列 3 个方面。

1. 大范围多目标精确实时定位

目前,在已经面向市场的 VR 产品中,当属 HTC Vive Pre 的定位精度最高,时延最低。HTC Vive Pre 的定位主要依靠 Light House 来完成。Light House 包括红外发射装置和红外接收装置。红外发射装置沿着水平和垂直两个方向高速扫描特定空间,在头盔和手柄上均布有不少于 3 个红外接收器,且头盔(手柄)上所有的红外接收器之间的相对位置保持不变。当红外激光扫过头盔或手柄上的红外接收器时,接收器会立即响应。根据多个红外接收器之间的响应时间差,不仅可以计算出头盔(手柄)的空间位置信息,还能得出姿态角度信息。目前,HTC Vive Pre 只能工作于一个独立的空旷房间中,障碍物会阻挡红外激光的传播。而大范围、复杂场景中的定位技术仍需突破。多目标定位对于多人同时参与的应用场景至关重要。当前的虚拟现实系统主要为个人提供沉浸式体验,例如单兵作战训练。当多个士兵同时参与时,彼此希望看见队友,从而达到一种更真实的群体作战训练,这不仅需要对多个目标进行定位,还需要实现多个目标的数据共享。

2. 感知的延伸

视觉是人体最重要、最复杂、信息量最大的传感器。人类大部分行为的执行都需要依赖视觉,例如日常的避障、捉取、识图等,但视觉并不是人类唯一的感知通道。虚拟现实所创造的模拟环境不应仅仅局限于视觉刺激,还应包括其他的感知,例如触觉、嗅觉等。

3. 减轻眩晕和人眼疲劳

"沉浸感不足,晕眩感存在"是 VR 技术发展过程中的瓶颈。目前所有在售的 VR 产品都存在导致佩戴者眩晕和人眼疲劳的问题。其耐受时间与 VR 画面内容有关,且因人而异,一般耐受时间为 5—20min;对于画面非常平缓的 VR 内容,部分人群可以耐受数小时。

在上述的技术瓶颈中，大范围多目标精确实时定位已经取得了一定的突破，在成本允许的情况下，通过大面积的部署传感器是可以解决这一问题的。感知的延伸还存在较大技术难度，尤其是触觉；但当前的 VR 应用对感知的延伸并没有迫切的需求。相比之下，眩晕和人眼疲劳却是一个到目前为止还没有解决但又迫切需要解决的问题，是现阶段虚拟现实的技术禁地。

6.2 AR 增强现实技术

6.2.1 增强现实（AR）技术的基本概念

增强现实（AR）是虚拟现实（VR）的延伸。增强现实系统的使用者可以在看到周围真实环境的同时，还能看到计算机产生的增强信息，这种增强信息可以是在真实环境中与真实物体共存的虚拟物体，也可以是与存在的真实物体有关的非几何信息

增强现实可以通过广义和狭义两个维度来定义：广义上是指"增强自然反馈的操作与仿真的线索"；狭义上注重技术方面，认为 AR 是"虚拟现实的一种形式，其中参与者的头盔式显示器是透明的，能清楚地看到现实世界"。也有学者根据其功能或特性来定义 AR，例如，Azuma 认为，AR 可以被定义为一个满足三个基本特征的系统：真实和虚拟世界的融合、实时交互、虚拟和真实物体在 3D 空间中的精确注册。

6.2.2 AR 的技术手段

一个 AR 系统需要由显示技术、跟踪和定位技术、界面和可视化技术、标定技术构成。

在 Virtual Reality 的基础上，Augmented Reality（AR）应运而生。按照实现的技术方式，AR 分为三类，包括 Video – based AR，Optical – based AR 和 Projection – based AR。这三类 AR 都能实现真实场景和虚拟信息同时被人眼看见的视觉效果，但技术手段不同。

Video – based AR 是对图片（或图片序列构成的视频）进行处理，在图片

中添加虚拟信息，以帮助观看者进行分析和获得更多的信息。如图 6.2.1 所示，在手腕上添加不同款式的虚拟手表帮助消费者挑选合适的手表。再如时下热门的 Faceu 手机 App，能在手机拍摄的图中添加诸如兔耳朵等可爱的虚拟元素。Video – based AR 不需要佩戴特殊的眼镜，与观看传统平面图片方式一致，且允许非实时离线完成。Optical – based AR 通过类似半透半反的介质，使人眼同时接收来自真实场景和像源的光线，从而使得人眼同时看见真实场景和虚拟信息。

图 6.2.1　基于 Video – based AR 的手表试戴

Optical – based AR 给人一种虚拟物体仿佛就位于真实场景中的视觉体验，但真实的场景中并不存在所看见的虚拟物体。且只有佩戴特殊头显设备（如 Hololens，Meta，见图 6.2.2）的人才能看见虚拟物体，没有佩戴头显设备的人不能看见虚拟物体。

图 6.2.2　Hololens 设备

如图 6.2.3 所示，火箭模型并非真正存在于桌面上，且未带头显设备的人不能看见火箭。Optical – based AR 相比于 Video – based AR 技术难度更大，需要三维环境感知，且从环境感知到增强显示都需要实时完成。

6.2.3　Optical – based AR **概念图**

在虚拟现实行业出现了一个"新"的概念——MR（mixed reality），这其实就是上述的 Optical – based AR，关于 MR 将在后面章节作具体论述，这里暂不展开。图 6.2.4 是为实验人员在实验室通过 MR 眼镜拍摄的照片，通过 MR 眼镜能同时看见真实的场景和虚拟的汽车。Projection – based AR 将虚拟信息直接投影到真实场景中物体的表面或等效的光路上。相比于 Optical – based AR，Projection – based AR 不需要佩戴头显设备即能获得与之类似的增强现实效果，且允许多人在一定角度范围内同时观看。

6.2.4　**混合虚拟现实——悬浮的小车（戴上眼镜后观看效果）**

6.2.5　**基于** Projection – based AR **的车载导航不佩戴眼镜观看效果**

图 6.2.5 为笔者拍摄的基于投影增强现实的车载导航仪。路基线、车速、天气、来电等信息被投影在司机观看路面的等效光路上，司机不需要佩戴头显设备即可看见上述辅助信息。

6.2.3　AR 的主要应用领域

目前，增强现实技术在医学、娱乐、军事训练、教学培训、工程设计、消费设计等许多领域得到了广泛的应用。下面举例说明 AR 技术在不同领域的应用的情况。

1. 基于移动设备的 AR 技术应用

相对与智能手机而言，AR 就是根据当前位置（GPS）、视野朝向（指南针）及手机朝向（方向传感器/陀螺仪），在实景中（摄像头）投射出相关信息并在显示设备（屏幕）里展示。其实现的重点在于投影矩阵的获取。当然，在实际开发的时候，Android 系统已经将投影矩阵封装的比较好了，可以通过接口直接获取投影矩阵，然后将相关的坐标转换算成相应的坐标就可以了。移动增强现实系统应实时跟踪手机在真实场景中的位置及姿态，并根据这些信息计算出虚拟物体在摄像机中的坐标，实现虚拟物体画面与真实场景画面精准匹配，所以，registration（即手机的空间位置和姿态）的性能是增强现实的关键。移动 AR 的运作原理可以以 6.2.6 图示简单来说明。

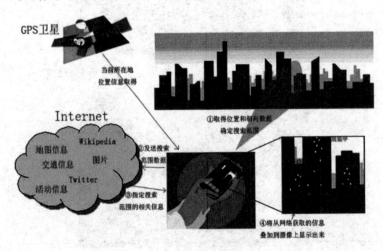

6.2.6　移动 AR 的工作原理

移动媒体增强现实利用计算机产生的附加信息对真实环境的景象进行增强或扩张。例如，当用移动设备摄像头扫描空荡荡的、尚未装潢的办公室时，其屏幕上会显示出一系列的办公室装潢虚拟元素，使用者可通过与这些虚拟元素的交互来完成各种搭配。

另外，借助于 GPS、电子罗盘的定位、定向信息，基于手机的增强现实，能根据使用者的空间地理位置的变化，动态地为其提供各种学习信息，甚至这些信息还可通过三维的方式叠加在移动设备摄像头的图像上。如 Layar 是全球第一款增强现实感的移动设备浏览器，能够在浏览器上向人们展示周边环境的真实图像。在实际的应用中，只需要将移动设备的摄像头对准某一方向或景物，就能在移动设备屏幕上自动显示出有关的详细信息。比如将移动设备摄像头对准某一位置固定的物体比如建筑物，屏幕上就会出现与画面上物体或位置相关的有用信息，比如建筑物的介绍、建筑物周围的银行、便利店、咖啡厅、茶馆、酒吧等的详细介绍及打折信息。如图 6.2.7 所示。

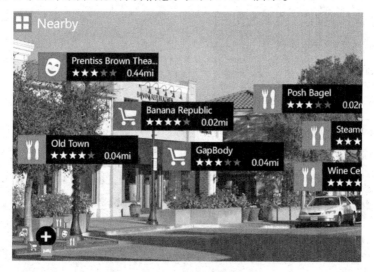

6.2.7　Layar 浏览器界面

英国公司 Virtual View 制作了一款 AR（增强现实）的 app，使人们只要用手机或 Pad 对着房子的图片一扫，就能显示它的 3D 模型，直观了解房屋情况。如图 6.2.8 所示。在扫描了杂志或者广告上的地产广告后，Virtual View 可以在移动设备的屏幕上显示房屋的 3D 模型，并且用户可以在现实中与虚拟模型交互：通过手势来旋转 3D 模型，查看每个楼层，以及查看周围的环境等。

6.2.8　Layar 浏览器界面

移动硬件设备的发展使得人们在移动设备上的交互有了突破性的进展，以 NFC、AR、裸眼 3D 等为代表的一大批应用形态的涌现给这个领域带来了足够的新奇与动力，创造了全新的用户体验。而在移动产品的设计上，如何利用手机的硬件性能来创造突破性的产品将是未来决定移动产品设计师能力以及移动产品成败的关键了。

2. 基于传统传媒业的 AR 技术应用

从传播理论上看，VR 和 AR 技术都旨在拓展受众在现实世界中的"感知阈麦克卢汉媒介理论"的经典论断："任何媒介都不外乎是人感觉能力的扩展或延伸。"相较于报纸、广播、电视等传统媒体，受众可借助 VR 技术瞬间"抵达"新闻现场，并进行 360 度全景审视，减少报道过程中不可避免的"信息衰减"。而 AR 技术则更进一步，将音视频等多维信息"叠加"至文本之上，通过"再语境化"的信息拓展，大大提升了新闻报道的广度和深度，以此"延伸"受众对世界的"感知阈"。有鉴于此，新闻业界对 VR 和 AR 技术的应用具有充足的理论依据。

利用 AR 技术可以让原本生硬刻板的文字配上图像，可以"动起来，响起来"，从而实现如《哈利·波特》一书中所描绘的魔法报纸的神奇效果。以 AR 应用"图片动态"为例，Aurasma（增强现实平台），用户只需扫描一下杂志上图片，就可以用手机或 ipad 上看到车子飞驰的视频以及相关技术参数，如图

6.2.8 所示。在出版业，如果用户扫描一下刊登在《纽约时报》上川普的演讲的照片，就可以立刻看到现场的演讲视频。随着 AR 云端服务器数据量的扩增，不仅有现场的视频，关于川普演讲内容相关的数百条内容——包括背景介绍，名人评论等各类文字、音频、视频信息都会"跳出来"，方便受众就特定话题寻根究底，恣意"搜索"。

6.2.9 Layar 浏览器界面

另一方面，用户运用 AR 技术，不仅可以"沉浸"在新闻现场中，还可以多种方式参与新闻生产。用户在虚拟的新闻现场扫描相关物品时，将首先被新闻网站所识别，Googles（Google 公司研发，用 AR 技术支持的搜索工具）将帮助其确认事实，并允许用户向与之相关的新闻条目提供视频、信息及背景资料等。

从更宏观的角度来看，VR、AR 技术也是"新媒体赋权"的体现，是对主流媒体的"话语权威"的有力挑战。新闻媒体再也没有一成不变的位置，也没有了不可动摇的意义和解读。今后，专家等"权威信源"，将会与"民间信源"一起，在 VR、AR 营造的开放性"叙事场域"中进行"意义角力"。VR、AR 的技术对于新闻出版行业的正面、负面影响还有待近一步考证，但无疑这两种技术代表了未来新闻业发展的方向。

3. 基于教育系统的 AR 技术应用

（1）Z Space

Z Space 是一款全新的 3D 显示屏，由美国加州 Infinite Z 公司开发。它可以跟踪用户的头的转动和手的动作，实时调整所看到的 3D 图像，并允许用户操控一些虚拟物体，就好比他们真正存在。其特点是：高速头部追踪让学生和 3D 物体之间能够进行顺畅的互动；利用虚拟现实操作笔，让学生可以通过笔式操作进行学习；利用触屏让 Z Space 和 Windows 应用使用起来更直观，如图 6.2.10 所示。

6.2.10　Z‐Space **工作模式**

根据美国最新的《新一代科学教育标准》，Z Space 开发出了包含 2‐12 年级多门学科的课件，课件分布在六款软件之中，老师可采用软件自带课件实施教学计划，也可创造性地开发新课程。Z Space 不仅可以成为满足课标的教学工具，还为学生老师提供了丰富的素材资源。在美国本土已有上万的学生正使用 Z Space STEAM（科学、技术、工程、艺术、数学课程）实验室课件来进行学习。在通常情况下，学校都会采购一套 Z Space STEAM 实验室课件，包括 12 台学生使用的虚拟现实工作站和一台教师使用的工作站，每个工作站都配备有一个互动操作笔和不同的教育软件。

（2）Metaio

Metaio 是由德国大众的一个项目衍生出来的一家虚拟现实初创公司，现已被苹果公司收购。专门从事增强现实和机器视觉解决方案，产品主要包括 Metaio SDK 和 Metaio Creator。Metaio SDK 支持移动设备的 AR 应用开发，它在内部提供增强现实显示组件 ARView，该组件将摄像机层、3D 空间计算以及 POI 信息的叠加等功能全部封装在一起，用户在使用增强现实功能时，只需要关注用户操作的监听器即可，摄像机层、3D 空间计算、图形识别以及空间信息叠加等逻辑，完全由 ARView 组件自己处理。

6.2.11 Metaio Creator **工作模式**

Metaio Creator 相对于 Metaio SDK 来说，使用门槛更低，用户无需掌握移动开发技术，就可以通过 Metaio Creator 用户图形接口中简单的点击、拖拽、拉伸等方式，控制软件中组件的功能，以构建出自己的增强现实结果，如图 6.2.11 所示。目前，用 Metaio SDK 和 Metaio Creator 开发出的程序，支持 Android OS、IOS 和 Windows 等主流移动设备操作系统。Metaio 官方虽然没有像 Z Space 一样为教育领域提供通用的 AR 教学工具，但已有学者开发出基于位置服务的 AR 教育应用，并探究其在帮助学生快速熟悉校园、了解校园文化的效果。

（3）Wikitude

Wikitude 是由美国 Mobilizy 公司于 2008 年秋推出的一款移动增强现实开发平台，支持 Android、iOS、Black Berry 以及 Windows Phone 多个手机智能操作系统。Wikitude SDK 是一款优秀的增强现实开发工具包，它能够帮助开发人员减小增强现实应用程序开发的复杂性。目前，Wikitude SDK 支持载入真实的物理环境、向 AR 环境中添加虚拟物体、支持用户与虚拟物体的交互、响应用户的位置变化、AR 环境中信息提示、从本地或网络加载资源等功能，如图 6.2.12 所示。

myWorld
Wikitude myWorld 能让您创建自
己的增强版现实世界。　　　　5 / 5

Launch

6.2.12　通过 Wikitude 在现实场景中显示建筑坐标信息

目前，已有学者将 Wikitude 运用在语言教学等文科课程教学领域。英语学习就是其中一个典型的应用场景——学生通过扫描写有英语单词的卡片，查看和单词内容相关的可交互内容（如三维模型）等，这种学习方式特别适用于学龄前儿童和英语初学者。AR 技术还可以和其他新技术结合，如 GPS 等结合使用。校园导览就是其中的一个典型应用案例："活动先锋队"是一款基于 LBS 和 AR 的北师大校内活动导览应用，在这个案例中实现了对校内建筑物的识别，并实时展示与该建筑或地点相关的校内活动信息。

（4）ENTiTi

ENTiTi Creator 是由以色列一家创业公司 WakingApp 开发的一款 AR 作品制作工具，易学易用是它的最大特色。用户可以使用 ENTiTi 平台上传图片和视频以及相应的动作指令，并通过简单的逻辑串联，就可以轻松创建出包含 3D 图像、动画或者游戏的 AR/VR 内容。该平台不需要任何编程，完全依靠鼠标拖放就能完成整个创建过程。ENTiTi 是基于云计算的平台，可以在线 3D 视角查看内容，并自动适配各种终端，比如，手机或平台电脑、三星 Gear VR 盒子、Vuzix 智能眼镜等。开发者通过它所发布出来的 AR 内容，只需要通过一个叫作 ENTiTi View 软件的入口，就可以轻松访问。这意味着全球所有开发者所开发出的成千上万的 AR 内容，只需要一个软件即可全部浏览。

纵观国际上对教育中的 AR 技术应用研究，大多尚属于经验性研究，其中以行动研究为主，体现在具体的案例教学中，包括具体教学活动的组织、实行以及学习效果测试等。换言之，现阶段对 AR 技术教育应用的研究，国内外均建立在经验型研究的基础上，都处于起步阶段。在这方面，国内外的差距不太大。因此，如果我们能够结合我国的具体教育实践，将教育、学习领域中的 AR 应用所遇到的问题逐个解决，并且对其在教学过程中所呈现的规律不断进行深入探究，经验型的研究可能会产生抽象的、系统的理论体系。从这一点来看，AR 学习环境带给我们的不仅仅是一个技术平台或工具，更可能是一种新的教学模式和方法的孕育。

6.3 混合现实 MR

6.3.1 混合现实 MR 的基本概念

混合现实（mixed reality，MR）是一种使真实世界和虚拟物体在同一视觉空间中显示和交互的计算机虚拟现实技术。他试图将人与虚拟世界及现实世界三者同时联结起来，使得虚拟世界与现实世界发生联系，从而在更大程度上影响世界。由于混合现实也建立在人类自然感知的基础之上，因此本质上为所见即所得的人机交互界面。该界面将人类从复杂深奥的计算机用户界面中解放出来，越过繁琐的菜单和参数选择，回到人类的原始感官通道，使人可以直观地理解世界。因此，混合现实建立了用户与现实世界中的虚拟世界之间的直接通道，计算机营造的虚拟世界与现实世界在这里自然交汇。

6.3.2 混合现实 MR 的主要内容及技术特点

1. MR 主要内容

混合现实涵盖了增强现实（augmented reality）与增强虚拟（augmented virtuality），并可在此基础上扩展到遥在（tele - presence）和现实景物消去（diminished reality）等技术。

混合现实式的遥在，是将远程的现实直接虚拟化，通过网络传输与现实场景融合，成为多时空现实的融合，例如微软目前发布的 Holoportation；景物消去是将现实场景中的物体隐匿。在这样的环境中，现实通过实时重建实现虚拟化，通过网络传输及与现实的融合，完成与现实的混合；或者通过对现实的虚拟化，实现景物消去。因此，虚实融合可以涵盖丰富的内容。

混合现实由现实与虚拟两部分构成，其中虚拟部分系统关心的是用户与虚拟世界的联结，因此涉及两方面的内容：虚拟世界的构建与呈现，以及人与虚拟世界的交互。由于呈现的虚拟世界是与人类感官直接联结的，因此，完美的虚拟世界的营造是通过建立与人类感官匹配的自然通道来实现的。通过真实感，渲染呈现虚拟世界。营造音响效果，提供触觉、力觉等各种知觉感知和反馈。因此，用户与虚拟世界的交互必须要建立相同的知觉通道，通过对用户的自然行为分析，形成感知、理解、响应、呈现的环路。这是虚拟现实技术的核心内容。混合现实则省却了对复杂多变的现实世界进行实时模拟，因为对现实世界的模拟本身是非常困难的，取而代之的是需要建立虚拟世界与现实世界的联结并模拟二者的相互影响。然而，要使虚拟世界与现实世界融为一体，在技术上形成了诸多挑战，不仅要感知用户的主体行为，还需要感知一切现实世界中有关联的人、环境甚至事件语义，才能提供恰当的交互和反馈。

因此，混合现实涉及广泛的学科，从计算机视觉、计算机图形学、模式识别到光学、电子、材料等多个学科领域。然而，正是由于混合现实与现实世界的紧密联系，才使其具备强大且广泛的实用价值。

2. MR 的构建

混合现实技术是虚拟世界与现实世界无缝融合的技术，典型的表现是电影《阿凡达》呈现的世界。然而，计算机的强大能力不仅在于对场景的营造能力，还在于对信息搜集、数据整理和分析呈现的能力。在信息爆炸的时代，信息容量和复杂度远远超过人类所能够掌控的范围，在宏观上把握信息的内涵，提供对数据蕴涵的语义分析，才有可能使人类理解数据。混合现实技术可以在数据分析的基础上建立用户与数据的联结，从而使得用户可以直接感知数据分析的结果，将人类感知延展到数据语义层面。

混合现实技术由于涵盖了虚拟世界与现实世界，既需要虚拟现实技术的支持，也需要增强现实技术的支持。虚拟现实技术的第一个核心问题是对虚拟世界的建模，一般包括模拟现实世界的模型或者人工设计的模型。对现实世界模型的模拟，即场景重建技术。虚拟现实的第二个问题是将观察者知觉与虚拟世界的空间注册，满足视觉沉浸感的呈现技术；第三个问题是提供与人类感知通道一致的交互技术，即感知和反馈技术。增强现实技术在虚拟现实技术的基础上还需要将现实世界和虚拟世界进行注册，并且感知真实世界发生的状况、动态，搜集真实世界的数据，进行数据分析和语义分析，并对其进行响应。

因此，我们将混合现实的虚实融合的实现可以通过以下方式构建。

（1）场景构建技术

混合现实技术是虚实空间的相互嵌入和交互。由于现实空间在物理上不仅包含了三维欧氏空间，还包含了这个空间中的几何、光照、材质、物体运动等各种可视信息。当虚实空间融合的时候，需要满足该物理空间的规律。空间注册技术将不同的空间包括观察者坐标系映射到统一的坐标标架下，在此基础上，通过有限重建现实场景，生成虚实空间的相互作用效果，包括遮挡处理、光照处理、实时渲染、动态物体运动及交互效果等。

场景构建是虚拟现实与增强现实的共性基础技术，一般包括三维建模和场景重建两种形式。在混合现实中作为直接呈现对象的虚拟场景，其准确性是非常重要的。场景重建的主要手段有两种，一种是主动式如激光扫描仪，一种是被动式如多视角几何重建。多视角几何重建是基于视觉的方法，通过特征匹配形成形状约束，确定几何表面的形状。因此，其精度是由像素精度决定的，并受制于特征的显著性。激光扫描仪是工业标准的重建工具，比基于视觉的重建方式具有更高的精度，并且鲁棒稳定，

6.3.1 FARO3D 激光扫描仪

但是也受制于物体的材质，例如难以采集高光反射物体的形状。因此，在大规模数据采集的过程中，一般采用激光扫描仪。图 6.3.1，是 FARO3D 激光扫描仪。只需几分钟，它就能针对复杂的环境和几何形状提供出无比详细的三维

图像。

场景重建至今仍然是重要的课题。由于场景重建的日益成熟，虚拟场景的构建已经颇为便捷。混合现实中对于场景的处理需求，需要不断地与重建场景发生不同程度的密切关系，因此是混合现实的重要基础。由于机器智能的引入，通过对场景几何的分析，使得场景的拆分和重组成为可能，从而引导了新的研究方向。

(2) 场景注册

场景注册是混合现实中非常重要的一个环节，旨在确定虚拟空间与现实空间之间坐标标架的映射关系。在沉浸式虚拟现实环境中，用户处于现实世界中，需要感知用户的观察方位的变化，才能为观察者呈现相应视域的景象，因此往往需要标定观察者头部姿态。在混合现实环境中，观察者的头部姿态跟踪更为重要。为了获得完美的沉浸感，头盔显示器的跟踪定位高精度、低时延是虚实空间一致性的保障，能使用户感觉到虚拟物体如同嵌入在现实空间一样。

HTC Vive 与 Holoens 的相继发布，标志着虚拟现实和增强现实头盔在定位部分已经有比较成熟的技术，能在特殊环境中获得良好的沉浸感体验。目前的主要限制在于对移动性和环境的制约。HTC Vive，如图 6.3.2 所示，是一种由 HTC 与 Valve 联合开发的一款 VR 头显产品，通过一个头戴式显示器、两个单手持控制器、一个能于空间内同时追踪显示器与控制器的定位系统（Lighthouse）给使用者提供沉浸式体验。在头显上，HTC Vive 开发者版采用了一块 OLED 屏幕，单眼有效分辨率为 1200×1080，双眼合并分辨率为 2160×1200。2K 分辨率大大降低了画面的颗粒感，用户几乎感觉不到纱门效应。并且能在佩戴眼镜的同时戴上头显，即使没有佩戴眼镜，400 度左右近视依然能清楚看到画面的细节。画面刷新率为 90Hz，数据显示延迟为 22ms，实际体验几乎零延迟，也不觉得恶心和眩晕。控制器定位系统 Lighthouse 采用的是 Valve 的专利，它不需要借助摄像头，而是靠激光和光敏传感器来确定运动物体的位置，也就是说 HTC Vive 允许用户在一定范围内走动。这是它与另外两大头显 Oculus Rift 和 PS VR 的最大区别。

6.3.2 HTC Vive **头显及可看到的世界**

场景注册作为混合现实的核心技术而备受关注。相对而言，场景注册技术是混合现实中比较成熟的技术。尽管如此，这也仅仅是混合现实技术的起步阶段。混合现实天然地将现实世界与虚拟世界联系在一起，由于客观世界的复杂性，使得计算机生成的虚拟世界与现实世界的融合，需要符合现实世界的规范，因而极具挑战性。

（3）高度真实感的虚实融合

混合现实中虚拟世界与现实世界的交互影响，本质上是虚拟空间与现实空间融为一体时产生的。场景注册解决了虚拟空间的坐标标架与观察者空间标架的转换关系，但是并不能保证虚拟景物在现实中的合理性。当虚拟空间的景物要嵌入现实空间中时，虚拟物体需要避免与现实空间冲突，共享现实空间的光照环境，产生相互遮挡，产生作用力与反作用力，等等。因此，在混合现实中，需要不断地协调虚拟世界与现实世界之间的关系，保持虚实场景之间的和谐共存。从本质上讲，可以将现实世界看做由几何、材质、光照等静态或者动态复杂物体构成的可视空间；虚实场景的融合技术，则是虚拟物体在该可视空间的嵌入。

基于视频的混合现实技术是采用摄像头将真实场景记录下来，同时将虚拟景物融入视频画面。在混合现实技术中，由于其实时性要求，虚拟景物还远不能达到照片品质，而可见性与光照一致性直接关系到虚拟场景融入视频场景的真实感。

为了实现视觉上的真实感，混合现实需要在空间保持虚实物体之间的几何一致性、光照一致性与合成一致性。几何一致性的保持指虚拟物体的位置、大小、透视关系与视频图像序列保持一致；光照一致是指虚拟物体的光源及光照模型与视频图像序列保持一致；合成一致是指虚拟物体对视频图像序列的影响要与实际情况保持一致，比如，虚拟物体对视频图像序列中的景物投射阴影、在水面上形成倒影等。几何一致要求对视频图像序列精确定标或者空间注册；光照一致要求对虚拟物体按视频图像中的光照明条件进行图形绘制；合成一致要求融入虚拟物体的情况下，对视频图像序列进行再绘制。为了获得具有真实感的混合现实环境，需要虚拟物体融入视频场景中的可见性计算、视频场景的自动光照环境重建、局部几何重建等技术。

混合现实有一个很特殊的需求，就是虚拟景物需要跟现实世界共享统一空间，因此，作为虚拟物体的景物与现实场景中的景物之间的作用需要符合自然法则，并避免空间冲突和视觉冲突。微软的 Holoportation（如图 6.2.2 所示）则是采用三维重建的策略，用 Kinect（如图 6.1.6 所示）重建虚拟化远程用户，再融合到现实场景中，因此获得与远程用户面对面交流的体验。

3. MR 中的交互技术

（1）用户界面形态

新型交互技术和设备的出现，使人机界面不断向着更高效、更自然的方向发展。在 MR 中使用较多的用户界面形态包括：TUI、触控用户界面、3DUI、多通道用户界面和混合用户界面。

① 实物用户界面 TUI。TUI 是目前在 MR 领域应用得最多的交互方式，它支持用户直接使用现实世界中的物体与计算机进行交互，无论是在现实环境中加入辅助的虚拟信息（AR），还是在虚拟环境中使用现实物体辅助交互（AV），在这种交互范式下都显得非常自然并对用户具有吸引力。TUI 支持用户直接使用现实世界中的物体与计算机进行交互，在虚实融合的场景中，现实世界中的物体和虚拟叠加的信息各自发挥着自己的长处，相互补足，使交互过程更加有趣和高效。

TUI 的典型案例是 Tangible bits，该工作实现了一个 meta DESK（如图 6.3.3 所示）实物交互桌面。在 metaDESK 中，虚拟信息的浏览方式被现实世界物体增强了，用户不再使用窗口、菜单、图标等传统 GUI，而利用放大镜、标尺、小块等物体进行更自然地交互。

　　② 触控用户界面 GUI。触控用户界面是在 GUI 的基础上，以触觉感知作为主要"指点技术"的交互技术。

6.3.3　metaDESK **桌面**

　　在 MR 中，直接用手通过屏幕与虚实物体交互是一种比较自然的方式，手机、平板电脑等移动设备以及透明触屏能提供这种支持，这使得直接触控成为 MR 中主要的交互方式之一。

　　③ 3DUI。在 3DUI 中，用户在一个虚拟或者现实的 3D 空间中与计算机进行交互。3DUI 是从虚拟现实技术中衍生而来的交互技术，在纯的虚拟环境中进行物体获取、观察世界、地形漫游、搜索与导航都需要 3DUI 的支持。在 MR 环境中，这种交互需求同样大量存在，因此它也是 MR 中重要的交互手段之一。

　　3DUI 在 MR 应用中大量的存在，并且它与其他界面范式、交互技术、交互工具深度融合，产生了形式多样的创新型应用。cAR/PE! 和 Reilly 等的工作（如图 6.3.4 – a 图所示）利用 MR 技术实现了一个远程会议室，会议室的主体由 3D 模型构成，在虚拟会议室中叠加了实时视频流以及其他 2D 信息便于交流，身处不同地点的用户们可以方便地通过这个系统。进行面对面的会谈、信息展示和分享。在 HoloDesk 中（如图 6.3.4 – b 图所示），研究者实现了一个用手直接与现实和虚拟的 3D 物体交互的系统，该工作的亮点在于它不借助任何标志物就能实时地在 3D 空间中建立虚实融合的物理模型，实现了任何生活中的刚体或软体与虚拟物体的高度融合，为 MR 中自然人机交互起到了重要的支撑作用。SpaceTop（如图 6.3.4 – c 图所示）将 2D 交互和 3D 交互融合到一个唯一的桌面工作空间中，利用 3D 交互和可视化技术拓展了传统的桌面用户界面，实现了 2D 和 3D 操作的无缝结合。在 SpaceTop 中，用户可以在 2D 中输入、点击、绘画，并能轻松地操作 2D 元素使其悬浮于 3D 空间中，进而在 3D 空间中更直观地控制和观察；该系统充分发挥了 2D 和 3D 空间中的优势，使交互更为高效。另一项近期的工作则尝试利用图像处理和 CAD 结合的方式，将 2D 的装备说明书自动转换为 3D 的交互式 MR 环境中，使得原本难以理解的说明书变得更加直观，易于学习。

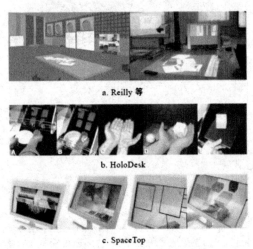

a. Reilly 等

b. HoloDesk

c. SpaceTop

6.3.4 3DUI 在 MR 中应用

④ 多通道用户界面。多通道用户界面支持用户通过多种通道与计算机进行交互，这些通道包括不同的输入工具（如文字、语音、手势等）和不同的人类感知通道（如视觉、听觉、嗅觉等），在这种交互方式中通常需要维持不同通道间的一致性。MR 中的许多应用都利用了多通道交互技术，例如 WUW 支持用户通过手势、上肢动作或直接与物体进行交互，SEAR 融合语音和视觉通道进行更加有效自然的交互。

⑤ 混合用户界面。混合用户界面将不同但相互补足的用户界面进行组合，用户通过多种不同的交互设备进行交互；它为用户提供更为灵活的交互平台，以满足多样化的日常交互行为。这种交互方式在多人协作交互场景中得到了成功的应用，如 Reilly 等的工作和 Augmented surfaces。

（2）交互对象的虚实融合

① 注册跟踪技术。AR 中，在用户改变自身位置和观察角度的同时，被观察的虚拟物体能实时融洽地与现实场景保持一致，为此，必须明确观察者和虚

拟物体在现实环境中的准确位置和姿态。虚拟物体在现实环境中的位置一般由设计者事先决定，因此只要获得了观察者的位置和姿态，就可以根据观察者的实时视角重建坐标系，计算出虚拟物体的显示姿态，实现交互对象的虚实融合。这个过程就是三维注册过程，其实现方法一般分为基于传感器的注册技术、基于视觉的注册技术和混合注册技术 3 种。与 AR 不同，AV 是在虚拟环境中通过三维注册技术嵌入现实物体，并使之能与虚拟环境实时交互。AV 技术的一个典型案例是利用相机捕捉真实对象的图像或三维模型，并通过注册技术将其实时地嵌入虚拟环境，使增强后的虚拟环境能够反映真实对象的状态并与之产生交互。由于虚拟环境是系统确定的，而实时采集的图形或三维模型又是基于标准坐标系的，因此这个注册过程是相对简单的。

② 显示设备。显示设备要解决的问题是让用户简单便捷地观察到虚实融合的场景。在 AV 中，通常可以直接使用传统显示设备来呈现虚实融合场景，因为场景的主体是虚拟的，其方位可由系统唯一确定。而在 AR 中，场景是用户直接观察到的现实世界，技术上一般采用头戴式显示设备（head - mounted displays，HMD）、手持式显示设备和投影式显示设备来实现。其中，HMD 包括光学透视型和视频透视型 2 种，前者通过透明屏幕直接观察到现实世界，后者用头戴式摄像机采集现实世界视频并作为背景投影到显示器上；手持式显示设备（如手机、平板电脑等）一般采用视频透视技术，利用设备上的摄像头采集现实世界图像；投影式显示设备利用各种投影仪将图像直接投影到墙壁、桌面、物理实体等现实世界的物体中，从而在这些物体上叠加虚拟信息。

（3）手势识别技术

MR 中的人机交互解决的主要问题，是使用户尽可能自然高效地与虚实混合的内容进行交互。手势识别技术能够使用户直接用手操作 MR 环境中的物体，是目前使用广泛的交互方式之一。MR 中使用的手势识别技术，可以按照输入设备分为基于传感器和基于计算机视觉两种。基于传感器的手势识别技术利用不同的硬件设备（常见的有数据手套和运动传感器），跟踪返回人手以及手部各骨骼所在的三维坐标，从而测量手势在三维空间中的位置信息和手指等关节的运动信息。这种系统可以直接获得人手在三维空间中的坐标和手指运动的参数，数据的精确度高，可识别的手势多且辨识率高，缺点是需要佩戴额外的设备。基于计算机视觉的手势识别技术利用单个或多个摄像头来采集手势信息，经计算机系统分析获取的图像来识别手势。这种技术的优点是学习和使用简单灵活，不干扰用户，是更自然和直接的人机交互方式；但计算过程较复杂，其识别率和实时性均较差。

(4) 3D 交互技术

3DUI 能够很自然地应用于 MR 场景，这就需要 3D 交互技术的支持。3D 交互技术支持用户使用 3D 的输入手段操作 3D 的对象及内容，并得到 3D 的视觉、听觉等多通道反馈。对目前主流的 3D 交互技术的应用场景、输入输出设备及技术特性进行了调查发现，3D 交互与 MR 存在大量的交集。

实际上，已经有文献指出，3D 交互技术就是为了解决虚拟现实、MR 中的交互问题的。用户难以理解和操纵 3D 空间中的对象和内容。因此，3D 交互技术是 MR 中人机交互的重要组成部分之一，它能够为虚实环境下提供自然高效的交互方式。面向通用任务的 3D 交互技术分为导航、选择/操作和系统控制控 3 个方面，其实现结构可以划分为 3 个具有显著特点的层次——几何模型、直接操纵隐喻、高层语义交互。其中，几何模型层提供 3D 可视反馈，直接操纵隐喻定义包括选取、点击、拖动、旋转在内的直接操纵功能，而面向高层语义的交互隐喻层允许用户实现更为复杂的交互任务，如指定路径进行漫游，这些任务需要由多个直接操纵层的动作序列组合完成，MR 应用中的自然交互和直观反馈，将主要在这一层得到实现。在具体实现上，3D 交互主要依赖摄像头、体感设备、数据手套、语音输入等交互设备获取 3D 空间输入，依赖单独/环幕显示器、投影仪、HMD、3D 音响系统等显示设备输出 3D 内容，还包括手机、平板电脑等移动设备以及其他 3D 声音和触觉反馈设备。其软件实现技术主要依赖立体显示、视角跟踪、身体和手势识别、室内外导航、物体操纵和 3D 音效等。

(5) 语音和声音交互技术

语音和声音正在快速地融入人们日常生活的计算环境中，语音输入已经逐渐成为一种主要的控制应用和用户界面。从声音的类型上，可以将这种技术分为非语音（声音）交互技术和语音交互技术。前者主要使用声音给用户提供听觉线索，使用户能够更有效地掌握和理解交互内容，也有研究利用环境声作为输入获取用户信息，感知用户状态；后者是包括语音输入、语音识别和处理以及语音输出在内的一整套交互技术，经过半个多世纪的发展，在最近几年已经达到了大规模商用水平。一个完整的语音交互系统，可以分为语音输入系统和语音输出系统两部分。语音输入系统又包括语音识别和语义理解两个子系统。前者负责将语音转化为音素，其识别方法是利用相应的语音特征，如梅尔倒谱和语音模型、HMM 和高斯混合模型进行切分和识别；后者则通过语言模型，将前者的结果进行修正并组合成符合语法结构和语言习惯的词、短语和句子，其中应用最广泛的是多元语言模型。语音输出系统分为有限词汇和无限词汇两种：有限词汇一般用于对有限的消息提示、控制指令、标准问题进行语音反馈；对于无限词汇，例如盲人使用的读书软件或复杂的导航系统，无法将所有句子进行预先录制，只能通过语音合成的方法形成输出语音。在 MR 中，语音交互是一个重要的交互手段，研究者们有的直接利用语音识别作为交互手段，它作为额外的输入通道辅助感知用户的交互意图。

6.3.3 混合现实的发展与应用

作为新型的人机接口和仿真工具，混合现实技术（MR）的应用领域极广，包括教育、医疗、体育、军事、艺术、文化、娱乐等各个领域。最近几年，又在接近人类生活的人工智能、图形仿真、虚拟通讯、娱乐互动、产品演示、模拟训练等更多领域带来了革命性的变化。

在教育领域中，学生们看到的不再是乏味的文字及图片展示，而是通过混合现实技术生成一种逼真的视、听、力、触和动等感觉的虚拟环境，可以更立体，直观地展示给学生们。混合现实技术增加了纸媒的娱乐性和互动性，是对主流教学形式的丰富和补充，为教学形式的多样化提供了更多可能。如淘米动漫出品的《摩尔字母乐园》是国内第一款增强现实玩具，针对幼儿的英语早教，使用移送设备扫描 26 个玩偶，不仅可以出现玩偶所代表的 26 个英语字母，还可以让孩子们学习与玩偶对应的单词，进行拼字游戏等等，在寓教于乐中加深学习印象。

在医疗领域中，混合现实技术也将发挥出巨大的潜力，比如与医院里常用的 CT 融合，对原来拍出的黑灰色的二维照片，通过混合现实技术实现三维立体成像显示，这样一来，可以让普通患者直接看到自己身体内部器官的位置结构以及病情的情况，使原来不好解释的二维图一下子立体地显示起来，医生能够更简单明了地说明患者的病情。

在艺术与娱乐领域，混合现实技术也大有用武之地。例如它可以复原文物古迹，重现古代的历史建筑风貌，也可以为各种人文景观添加相应的视频图片文本的注解，丰富旅游观光的知识性、趣味性。

随着移动设备的推广，智能眼镜甚至头盔开始迈入市场，混合现实技术的载体拥有越来越多选择性。微软表示，到 2020 年，全球 VR 相关设备将突破8000 万台，全球发布的高端 VR 设备就有 Oculus Rift 和 HTC Vive 等。VR 设备的研发，将必然推动 VR 更快向 AR、MR 技术过渡。也许在未来的某一天，大家都能借助混合现实技术，以不同的视野看到一个全新的世界。Magic Leap 的首席创意总监 Graeme Devine 对未来混合现实进行了预测，他认为混合现实的到来将比想象中更快。他说："现在登录市场的头显只是开始而已，在两年内混合现实将会成为人们生活中的一部分，人们可以在开放的空间中与叠加在现实中的图像进行直接交互。5 年后的世界将会一半是混合现实，一半是原子。10 年后，混合现实将会无处不在。"

混合现实技术在虚拟世界、现实世界和用户之间搭起一个交互反馈的信息回路，增强了用户体验的真实感。这项技术将会在我们的生活中应用越来越广泛。

6.4　人工智能（AI）

6.4.1　人工智能的概念

早在 1956 年达特茅斯会议上，人工智能（Artificial Intelligence）这一概念就被明确提出。虽然在以后的 60 多年来，学术界对此有着不同的说法和定义，但从其本质来讲，人工智能是指能够模拟人类智能活动的智能机器或智能系统，研究领域涉及非常广泛，从数据挖掘、智能识别到机器学习、人工智能平台等，其中许多技术已经应用到经济生活之中。

如果从比较容易理解的角度来概括的话，人工智能是指计算机系统具备的能力，该能力可以履行原本只有依靠人类智慧才能完成的复杂任务。人工智能的应用领域主要包含以下几个方面的内容：自然语言处理（包括语音和语义识别、自动翻译）、计算机视觉（图像识别）、知识表示、自动推理（包括规划和决策）、机器学习、机器人学。

6.4.2　人工智能的发展

20 世纪中叶，以英国数学家图灵为代表的一代科学家为人工智能学科的诞生提供了理论基础和实验工具。1956 年，达特茅斯会议标志着人工智能学科的正式诞生，以冯·诺依曼、图灵为首的科学家试图通过符号化编程实现人工智能。

20 世纪末，由于硬件能力不足、算法有缺陷等原因，人工智能技术陷入发展低迷期。而进入 21 世纪以来，大数据、云计算等信息技术给人工智能发展带来了新机遇，成本低廉的大规模并行计算、大数据、深度学习算法、人脑芯片 4 大催化剂引领人工智能的发展出现上行趋势。

如今，人工智能发展进入了新阶段。经过 60 多年的演进，特别是在移动互联网、大数据、超级计算、传感网、脑科学等新理论新技术以及经济社会发展强烈需求的共同驱动下，人工智能加速发展，呈现出深度学习、跨界融合、人机协同、群智开放、自主操控等新特征。大数据驱动知识学习、跨媒体协同处理、人机协同增强智能、群体集成智能、自主智能系统成为人工智能的发展重点，受脑科学研究成果启发的类脑智能蓄势待发，芯片化硬件化平台化趋势更加明显，人工智能发展进入新阶段。当前，新一代人工智能相关学科发展、理论建模、技术创新、软硬件升级等整体推进，正在引发链式突破，推动经济社会各领域从数字化、网络化向智能化加速跃升。

人工智能已成为经济发展的新引擎。人工智能作为新一轮产业变革的核心驱动力，将进一步释放历次科技革命和产业变革积蓄的巨大能量，并创造新的强大引擎，重构生产、分配、交换、消费等经济活动各环节，形成从宏观到微观各领域的智能化新需求，催生新技术、新产品、新产业、新业态、新模式，引发经济结构重大变革，深刻改变人类生产生活方式和思维模式，实现社会生产力的整体跃升。

6.4.3 人工智能的战略布局

发展人工智能是一项事关全局的复杂系统工程，美国自 2016 年 10 月来，接连发布了 3 项人工智能国家战略层面的报告，包括《美国国家人工智能研发战略计划》、《为人工智能的未来做好准备》和《人工智能、自动化与经济》，布局人工智能发展。我国国务院也于 2017 年 7 月印发了《关于新一代人工智能发展规划的通知》，要求按照"构建一个体系、把握双重属性、坚持三位一体、强化四大支撑"进行布局，形成人工智能健康持续发展的战略路径。

"构建一个体系"是指构建开放协同的人工智能科技创新体系。针对原创性理论基础薄弱、重大产品和系统缺失等重点难点问题，建立新一代人工智能基础理论和关键共性技术体系，布局建设重大科技创新基地，壮大人工智能高端人才队伍，促进创新主体协同互动，形成人工智能持续创新能力。

"把握双重属性"是指把握人工智能技术属性和社会属性高度融合的特征。既要加大人工智能研发和应用力度，最大程度发挥人工智能潜力；又要预判人工智能的挑战，协调产业政策、创新政策与社会政策，实现激励发展与合理规制的协调，最大限度防范风险。

"坚持三位一体"是指坚持人工智能研发攻关、产品应用和产业培育"三位一体"推进。适应人工智能发展特点和趋势，强化创新链和产业链深度融合、技术供给和市场需求互动演进，以技术突破推动领域应用和产业升级，以应用示范推动技术和系统优化。在当前大规模推动技术应用和产业发展的同时，加强面向中长期的研发布局和攻关，实现滚动发展和持续提升，确保理论上走在前面、技术上占领制高点、应用上安全可控。

"强化四大支撑"是指全面支撑科技、经济、社会发展和国家安全，以人工智能技术突破带动国家创新能力全面提升，引领建设世界科技强国进程。通过壮大智能产业、培育智能经济，为我国未来十几年乃至几十年经济繁荣创造一个新的增长周期；以建设智能社会促进民生福祉改善，落实以人民为中心的发展思想；以人工智能提升国防实力，保障和维护国家安全。

为实现这一战略路径，需要分三步走：

第一步，到 2020 年，人工智能总体技术和应用与世界先进水平同步，人工智能产业成为新的重要经济增长点，人工智能技术应用成为改善民生的新途径，有力支撑进入创新型国家行列和实现全面建成小康社会的奋斗目标。

第二步，到 2025 年，人工智能基础理论实现重大突破，部分技术与应用达到世界领先水平，人工智能成为带动我国产业升级和经济转型的主要动力，智能社会建设取得积极进展。

第三步，到 2030 年，人工智能理论、技术与应用总体达到世界领先水平，成为世界主要人工智能创新中心，智能经济、智能社会取得明显成效，为跻身创新型国家前列和经济强国奠定重要基础。

与此同时，实现每一步走都需要强大的技术做支撑。这些技术需要在扎实的基础理论研究下进行关键技术的研发，同时建立强大的基础平台的支撑，在国家背书的资源配置支持下，建立智能化基础设施，最终实现成为世界主要人工智能创新中心，跻身创新型国家前列和经济强国的最终目标。具体内容如下：

1. AI 的基础理论研究

聚焦人工智能重大科学前沿问题，兼顾当前需求与长远发展，则需要以突破人工智能应用基础理论瓶颈为重点，超前布局可能引发人工智能范式变革的基础研究，促进学科交叉融合，为人工智能持续发展与深度应用提供强大科学储备。AI 的基础理论研究势在必行。

（1）大数据智能理论

研究数据驱动与知识引导相结合的人工智能新方法，以自然语言理解和图像图形为核心的认知计算理论和方法，综合深度推理与创意人工智能理论与方法，非完全信息下智能决策基础理论与框架，数据驱动的通用人工智能数学模型与理论等。

（2）跨媒体感知计算理论

研究超越人类视觉能力的感知获取，面向真实世界的主动视觉感知及计算，自然声学场景的听知觉感知及计算，自然交互环境的言语感知及计算、面向异步序列的类人感知及计算、面向媒体智能感知的自主学习、城市全维度智能感知推理引擎。

（3）混合增强智能理论

研究"人在回路"的混合增强智能、人机智能共生的行为增强与脑机协同、机器直觉推理与因果模型、联想记忆模型与知识演化方法、复杂数据和任务的混合增强智能学习方法、云机器人协同计算方法、真实世界环境下的情境理解及人机群组协同。

（4）群体智能理论

研究群体智能结构理论与组织方法、群体智能激励机制与涌现机理、群体智能学习理论与方法、群体智能通用计算范式与模型。

（5）自主协同控制与优化决策理论

研究面向自主无人系统的协同感知与交互，面向自主无人系统的协同控制与优化决策，知识驱动的人机物三元协同与互操作等理论。

（6）高级机器学习理论

研究统计学习基础理论、不确定性推理与决策、分布式学习与交互、隐私保护学习、小样本学习、深度强化学习、无监督学习、半监督学习、主动学习等学习理论和高效模型。

（7）类脑智能计算理论

研究类脑感知、类脑学习、类脑记忆机制与计算融合、类脑复杂系统、类脑控制等理论与方法。

（8）量子智能计算理论

探索脑认知的量子模式与内在机制，研究高效的量子智能模型和算法、高性能高比特的量子人工智能处理器、可与外界环境交互信息的实时量子人工智能系统等。

2. 关键共性技术

新一代人工智能关键共性技术的研发部署要以算法为核心，以数据和硬件为基础，以提升感知识别、知识计算、认知推理、运动执行、人机交互能力为重点，形成开放兼容、稳定成熟的技术体系。

（1）知识计算引擎与知识服务技术

研究知识计算和可视交互引擎，研究创新设计、数字创意和以可视媒体为核心的商业智能等知识服务技术，开展大规模生物数据的知识发现。

（2）跨媒体分析推理技术

研究跨媒体统一表征、关联理解与知识挖掘、知识图谱构建与学习、知识演化与推理、智能描述与生成等技术，开发跨媒体分析推理引擎与验证系统。

（3）群体智能关键技术

开展群体智能的主动感知与发现、知识获取与生成、协同与共享、评估与演化、人机整合与增强、自我维持与安全交互等关键技术研究，构建群智空间的服务体系结构，研究移动群体智能的协同决策与控制技术。

（4）混合增强智能新架构和新技术

研究混合增强智能核心技术、认知计算框架，新型混合计算架构，人机共驾、在线智能学习技术，平行管理与控制的混合增强智能框架。

（5）自主无人系统的智能技术

研究无人机自主控制和汽车、船舶、轨道交通自动驾驶等智能技术，服务机器人、空间机器人、海洋机器人、极地机器人技术，无人车间/智能工厂智能技术，高端智能控制技术和自主无人操作系统。研究复杂环境下基于计算机视觉的定位、导航、识别等机器人及机械手臂自主控制技术。

（6）虚拟现实智能建模技术

研究虚拟对象智能行为的数学表达与建模方法，虚拟对象与虚拟环境和用户之间进行自然、持续、深入交互等问题，智能对象建模的技术与方法体系。

（7）智能计算芯片与系统

研发神经网络处理器以及高能效、可重构类脑计算芯片等，新型感知芯片与系统、智能计算体系结构与系统，人工智能操作系统。研究适合人工智能的混合计算架构等。

（8）自然语言处理技术

研究短文本的计算与分析技术，跨语言文本挖掘技术和面向机器认知智能的语义理解技术，多媒体信息理解的人机对话系统。

3. 基础支撑平台

建设布局人工智能创新平台，强化对人工智能研发应用的基础支撑。需要搭建多种基础支撑平台。

（1）人工智能开源软硬件基础平台

建立大数据人工智能开源软件基础平台、终端与云端协同的人工智能云服务平台、新型多元智能传感器件与集成平台、基于人工智能硬件的新产品设计平台、未来网络中的大数据智能化服务平台等。

（2）群体智能服务平台

建立群智众创计算支撑平台、科技众创服务系统、群智软件开发与验证自动化系统、群智软件学习与创新系统、开放环境的群智决策系统、群智共享经济服务系统。

（3）混合增强智能支撑平台

建立人工智能超级计算中心、大规模超级智能计算支撑环境、在线智能教育平台、"人在回路"驾驶脑、产业发展复杂性分析与风险评估的智能平台、支撑核电安全运营的智能保障平台、人机共驾技术研发与测试平台等。

（4）自主无人系统支撑平台

建立自主无人系统共性核心技术支撑平台，无人机自主控制以及汽车、船舶和轨道交通自动驾驶支撑平台，服务机器人、空间机器人、海洋机器人、极地机器人支撑平台，智能工厂与智能控制装备技术支撑平台等。

（5）人工智能基础数据与安全检测平台

建设面向人工智能的公共数据资源库、标准测试数据集、云服务平台，建立人工智能算法与平台安全性测试模型及评估模型，研发人工智能算法与平台安全性测评工具集。

4. 智能化基础设施

大力推动智能化信息基础设施建设，提升传统基础设施的智能化水平，形成适应智能经济、智能社会和国防建设需要的基础设施体系。加快推动以信息传输为核心的数字化、网络化信息基础设施，向集融合感知、传输、存储、计算、处理于一体的智能化信息基础设施转变。优化升级网络基础设施，研发布局第五代移动通信（5G）系统，完善物联网基础设施，加快天地一体化信息网络建设，提高低时延、高通量的传输能力。统筹利用大数据基础设施，强化数据安全与隐私保护，为人工智能研发和泛应用提供海量数据支撑。建设高效能计算基础设施，提升超级计算中心对人工智能应用的服务支撑能力。建设分布式高效能源互联网，形成支撑多能源协调互补、及时有效接入的新型能源网络，推广智能储能设施、智能用电设施，实现能源供需信息的实时匹配和智能化响应。具体需要布局的基础设施有以下这些。

（1）网络基础设施

加快布局实时协同人工智能的 5G 增强技术研发及应用，建设面向空间协同人工智能的高精度导航定位网络，加强智能感知物联网核心技术攻关和关键设施建设，发展支撑智能化的工业互联网、面向无人驾驶的车联网等，研究智能化网络安全架构。加快建设天地一体化信息网络，推进天基信息网、未来互联网、移动通信网的全面融合。

（2）大数据基础设施

依托国家数据共享交换平台、数据开放平台等公共基础设施，建设政府治理、公共服务、产业发展、技术研发等领域大数据基础信息数据库，支撑开展国家治理大数据应用。整合社会各类数据平台和数据中心资源，形成覆盖全国、布局合理、链接畅通的一体化服务能力。

（3）高效能计算基础设施

继续加强超级计算基础设施、分布式计算基础设施和云计算中心建设，构建可持续发展的高性能计算应用生态环境。推进下一代超级计算机研发应用。

我国于 2017 年 7 月发布人工智能中国规划，立足国家发展全局，准确把握全球人工智能发展态势，找准突破口和主攻方向，全面增强科技创新基础能力，全面拓展重点领域应用深度广度，全面提升经济社会发展和国防应用智能化水平。

6.4.4 人工智能的应用

人工智能的应用将来渗透在生产生活的各个方面。

1. 人工智能新兴产业

加快人工智能关键技术转化应用，可以促进技术集成与商业模式创新，推动重点领域智能产品创新，积极培育人工智能新兴业态，布局产业链高端，打造具有国际竞争力的人工智能产业集群。

智能软硬件。开发面向人工智能的操作系统、数据库、中间件、开发工具等关键基础软件，突破图形处理器等核心硬件，研究图像识别、语音识别、机器翻译、智能交互、知识处理、控制决策等智能系统解决方案，培育壮大面向人工智能应用的基础软硬件产业。

智能机器人。攻克智能机器人核心零部件、专用传感器，完善智能机器人硬件接口标准、软件接口协议标准以及安全使用标准。研制智能工业机器人、智能服务机器人，实现大规模应用并进入国际市场。研制和推广空间机器人、海洋机器人、极地机器人等特种智能机器人。建立智能机器人标准体系和安全规则。

智能运载工具。发展自动驾驶汽车和轨道交通系统，加强车载感知、自动驾驶、车联网、物联网等技术集成和配套，开发交通智能感知系统，形成我国自主的自动驾驶平台技术体系和产品总成能力，探索自动驾驶汽车共享模式。发展消费类和商用类无人机、无人船，建立试验鉴定、测试、竞技等专业化服务体系，完善空域、水域管理措施。

虚拟现实与增强现实。突破高性能软件建模、内容拍摄生成、增强现实与人机交互、集成环境与工具等关键技术，研制虚拟显示器件、光学器件、高性能真三维显示器、开发引擎等产品，建立虚拟现实与增强现实的技术、产品、服务标准和评价体系，推动重点行业融合应用。

智能终端。加快智能终端核心技术和产品研发，发展新一代智能手机、车载智能终端等移动智能终端产品和设备，鼓励开发智能手表、智能耳机、智能眼镜等可穿戴终端产品，拓展产品形态和应用服务。

物联网基础器件。发展支撑新一代物联网的高灵敏度、高可靠性智能传感器件和芯片，攻克射频识别、近距离机器通信等物联网核心技术和低功耗处理器等关键器件。

2. 产业的智能化升级

推动人工智能与各行业融合创新，在制造、农业、物流、金融、商务、家居等重点行业和领域开展人工智能应用试点示范，推动人工智能规模化应用，全面提升产业发展智能化水平。

智能制造。围绕制造强国重大需求，推进智能制造关键技术装备、核心支撑软件、工业互联网等系统集成应用，研发智能产品及智能互联产品、智能制造使能工具与系统、智能制造云服务平台，推广流程智能制造、离散智能制造、网络化协同制造、远程诊断与运维服务等新型制造模式，建立智能制造标准体系，推进制造全生命周期活动智能化。

智能农业。研制农业智能传感与控制系统、智能化农业装备、农机田间作业自主系统等。建立完善天空地一体化的智能农业信息遥感监测网络。建立典型农业大数据智能决策分析系统，开展智能农场、智能化植物工厂、智能牧场、智能渔场、智能果园、农产品加工智能车间、农产品绿色智能供应链等集成应用示范。

智能物流。加强智能化装卸搬运、分拣包装、加工配送等智能物流装备研发和推广应用，建设深度感知智能仓储系统，提升仓储运营管理水平和效率。完善智能物流公共信息平台和指挥系统、产品质量认证及追溯系统、智能配货调度体系等。

智能金融。建立金融大数据系统，提升金融多媒体数据处理与理解能力。创新智能金融产品和服务，发展金融新业态。鼓励金融行业应用智能客服、智能监控等技术和装备。建立金融风险智能预警与防控系统。

智能商务。鼓励跨媒体分析与推理、知识计算引擎与知识服务等新技术在商务领域应用，推广基于人工智能的新型商务服务与决策系统。建设涵盖地理位置、网络媒体和城市基础数据等跨媒体大数据平台，支撑企业开展智能商务。鼓励围绕个人需求、企业管理提供定制化商务智能决策服务。

智能家居。加强人工智能技术与家居建筑系统的融合应用，提升建筑设备及家居产品的智能化水平。研发适应不同应用场景的家庭互联互通协议、接口标准，提升家电、耐用品等家居产品感知和联通能力。支持智能家居企业创新服务模式，提供互联共享解决方案。

3. 建设安全便捷的智能社会

围绕教育、医疗、养老等迫切民生需求，加快人工智能创新应用，为公众提供个性化、多元化、高品质服务。

智能教育。利用智能技术加快推动人才培养模式、教学方法改革，构建包含智能学习、交互式学习的新型教育体系。开展智能校园建设，推动人工智能在教学、管理、资源建设等全流程应用。开发立体综合教学场、基于大数据智能的在线学习教育平台。开发智能教育助理，建立智能、快速、全面的教育分析系统。建立以学习者为中心的教育环境，提供精准推送的教育服务，实现日常教育和终身教育定制化。

智能医疗。推广应用人工智能治疗新模式新手段，建立快速精准的智能医疗体系。探索智慧医院建设，开发人机协同的手术机器人、智能诊疗助手，研发柔性可穿戴、生物兼容的生理监测系统，研发人机协同临床智能诊疗方案，实现智能影像识别、病理分型和智能多学科会诊。基于人工智能开展大规模基因组识别、蛋白组学、代谢组学等研究和新药研发，推进医药监管智能化。加强流行病智能监测和防控。

智能健康和养老。加强群体智能健康管理，突破健康大数据分析、物联网等关键技术，研发健康管理可穿戴设备和家庭智能健康检测监测设备，推动健康管理实现从点状监测向连续监测、从短流程管理向长流程管理转变。建设智能养老社区和机构，构建安全便捷的智能化养老基础设施体系。加强老年人产品智能化和智能产品适老化，开发视听辅助设备、物理辅助设备等智能家居养老设备，拓展老年人活动空间。开发面向老年人的移动社交和服务平台、情感陪护助手，提升老年人生活质量。

4. 社会治理智能化

围绕行政管理、司法管理、城市管理、环境保护等社会治理的热点难点问题，促进人工智能技术应用，推动社会治理现代化。

智能政务。开发适于政府服务与决策的人工智能平台，研制面向开放环境的决策引擎，在复杂社会问题研判、政策评估、风险预警、应急处置等重大战略决策方面推广应用。加强政务信息资源整合和公共需求精准预测，畅通政府与公众的交互渠道。

智慧法庭。建设集审判、人员、数据应用、司法公开和动态监控于一体的智慧法庭数据平台，促进人工智能在证据收集、案例分析、法律文件阅读与分析中的应用，实现法院审判体系和审判能力智能化。

智慧城市。构建城市智能化基础设施，发展智能建筑，推动地下管廊等市政基础设施智能化改造升级；建设城市大数据平台，构建多元异构数据融合的城市运行管理体系，实现对城市基础设施和城市绿地、湿地等重要生态要素的全面感知以及对城市复杂系统运行的深度认知；研发构建社区公共服务信息系统，促进社区服务系统与居民智能家庭系统协同；推进城市规划、建设、管理、运营全生命周期智能化。

智能交通。研究建立营运车辆自动驾驶与车路协同的技术体系。研发复杂场景下的多维交通信息综合大数据应用平台，实现智能化交通疏导和综合运行协调指挥，建成覆盖地面、轨道、低空和海上的智能交通监控、管理和服务系统。

智能环保。建立涵盖大气、水、土壤等环境领域的智能监控大数据平台体系，建成陆海统筹、天地一体、上下协同、信息共享的智能环境监测网络和服务平台。研发资源能源消耗、环境污染物排放智能预测模型方法和预警方案。加强京津冀、长江经济带等国家重大战略区域环境保护和突发环境事件智能防控体系建设。

综上所述，人工智能发展前景广阔，人工智能的发展和应用应由市场主导，但它的健康发展也离不开完备的政策框架。科技产业正在快速地全球化，中国有能力，也有机遇领导人工智能在全球范围内发展和治理，确保人工智能为全人类的福祉做出应有的贡献。

思考题

1. AR/MR/XR 的含义分别是什么？区别在哪里？

2. AR/MR/XR 各自的应用领域在哪里？

3. 人工智能时代来临，人类所面临的挑战和机遇是什么？

第 7 章　移动媒体的发展

　　移动技术和互联网已经成为信息通讯技术发展的主要驱动力，藉着高覆盖率的移动通讯网、高速无线网络和各种不同类型的移动信息终端，移动技术的使用开辟了广阔的移动交互空间。智能手机的引入为移动应用的发展注入了新的强心剂，现在手机 CPU 的速度已经达到以前台式机的水平。而手机和其他一些移动终端的可移动性是普通电脑所没有的巨大优势。手机已经不仅仅是一个通话工具，而是已经成为了一个重要的可以随身移动的信息处理平台。

　　在 5G 时代，全球将会出现 500 亿连接的万物互联服务，人们对智能终端的计算能力以及服务质量的要求越来越高。移动云计算将成为 5G 网络创新服务的关键技术之一。移动云计算是一种全新的 IT 资源或信息服务的交付与使用模式，它是在移动互联网中引入云计算的产物。移动网络中的移动智能终端以按需、易扩展的方式连接到远端的服务提供商，获得所需资源，主要包含基础设施、平台、计算存储能力和应用资源。移动应用会越来越深入影响我们生活中的方方面面，包括移动办公、移动政务、移动商务、移动执法、移动旅游服务等等。人们可以在任何地方找到和他所在位置相关的信息，如处理的办公事务或私人事宜。

7.1　5G 时代

　　5G 是指第五代移动电话行动通信标准，也称第五代移动通信技术，外语缩写：5G。也是 4G 之后的延伸，正在研究中。目前还没有任何电信公司或标准订定组织（像 3GPP、WiMAX 论坛及 ITU – R）的公开规格或官方文件提到 5G。

2016 年 11 月，在乌镇举办的第三届世界互联网大会上，美国高通公司带来的可以实现"万物互联"的 5G 技术原型入选 15 项"黑科技"——世界互联网领先成果。为了千兆移动网络和人工智能迈进中国（华为）、韩国（三星电子）、日本、欧盟，高通投入相当多的资源研发 5G 网络。

1. 速　度

5G 将比 4G 快 10 到 100 倍，更快的速度也将提升网络的容量，可以容纳更多的用户在同一时间登录网络。

2. 全景视频

移动端也能实现全景视频。不少人一定会被体育馆内的巨屏所吸引。但如果你能在游戏或者智能手机中获得同样的实时画面，甚至可以切换镜头，即时重播。这种高分辨的 4K 视频会让你耳目一新。

3. 自动驾驶汽车

自动驾驶汽车在 1 平方公里内可同时有 100 万个网络连接。我们目前使用的 4G 网络，端到端时延的极限是 50 毫秒左右，还很难实现远程实时控制，但如果在 5G 时代，端到端的时延只需要 1 毫秒，足以满足智能交通乃至无人驾驶的要求。现在的 4G 网络，并不支持这样海量的设备同时连接网络，它只支持数量不多的手机接入，而在 5G 时代，1 平方公里内甚至可以同时有 100 万个网络连接，它们大多支持各种设备，获知道路环境、提供行车信息、分析实时数据、智能预测路况等。通过它们，驾驶员可以不受天气影响地、真正 360 度无死角地了解自己与周边的车辆状况，遇到危险也可以提前预警，甚至实现无人驾驶。

4. 互联网机器人

互联网机器人可以实时反馈医生指令。对医生而言，机器人在手术方面将大有可为。但是它们需要对医生发出的指令作出实时反馈。在执行复杂的命令时，正在工作的机器人更需要与医生实现无缝"沟通"。

7.2 关键技术

1. GPS 定位卫星

在全球范围内实时进行定位、导航的系统，称为全球卫星定位系统，简称 GPS。GPS 是由美国国防部研制建立的一种具有全方位、全天候、全时段、高精度的卫星导航系统，能为全球用户提供低成本、高精度的三维位置、速度和精确定时等导航信息，是卫星通信技术在导航领域的应用典范，它极大地提高了地球社会的信息化水平，有力地推动了数字经济的发展。

GPS 可以提供车辆定位、防盗、反劫、行驶路线监控及呼叫指挥等功能。要实现以上所有功能必须具备 GPS 终端、传输网络和监控平台三个要素。

GPS 技术可以通过卫星定位，记录用户的地理位置、运动轨迹等等。如今，运动手环最大的卖点之一便是健康监测功能，所以光学心率传感器的应用也越来越广泛，它可以使用 LED 发光照射皮肤，血液吸收光线产生的波动来判断用户的心率水平，实现更精准的数据分析。然而，生物电阻抗传感器的功能则更加详细、全面，它可通过生物自身阻抗来实现血液流动监测，并转化为具体的心率、呼吸率以及皮反应指数。皮电反应传感器是一种先进的生物传感器，通常装载在一些需要检测汗水的设备上。由于人类的皮肤是一种导体，当开始出汗时，皮电反应传感器便开始测算，这便能从其他的参数方面检测运动的情况。

2. 云服务

混合云＋微服务架构赋予 IT 新能力。企业和服务提供商为了获得创新和竞争优势，将加速 IT 架构向云平台迁移，云服务模式将成为主流部署。微服务与容器技术为传统 IT 架构向混合云架构转型提供了堪称完美的解决方案，更加有效地解决转型过程中的两大关键点：一方面，引导应用架构由大而全的整体架构向灵活的微服务架构转变；另一方面，加速计算资源由专用计算资源向分布式架构转变。混合云＋微服务将赋予 IT 架构全新交付与运维能力。

3. 大数据

机器学习改变大数据世界。机器学习因其算法在容量、速度和类型中变得日益高效，而成为最可能改变大数据世界的技术之一。2016 年，基于通过网络生成、传输和存储的海量数据和元数据进行学习甚至预测的算法将真正出现并兴起，面部识别、语音识别、点击流处理、搜索引擎优化等多种技术的应用将真正打破数据中具有不同特点的组成成分之间的隔阂，深刻改变消费电子和云服务等重要领域。

4. 无线传输技术

① WiFi 是如今的智能设备中使用最为广泛的一项技术，有良好的发展前景。WiFi 使用的协议已经发展到 802.11ac，理论上的传输速度最高可达到 1Gbps。

② 蓝牙也是一项较为普遍的无线连接技术，支持短距离范围内的通信，其数据速率为 1Mbps。蓝牙技术最大的优势是它几乎不占用空间，可随意地集成到各种可穿戴设备中，却不会对外观和结构的设计造成压力。它凭借低廉的成本和高效的传输能力，让可穿戴产品的市场需求从小众转变为主流，从新潮转变为实用。

③ 无线传输中还有一项非接触式识别的 NFC 技术，即近场通讯。NFC 技术相对于蓝牙而言操作更简易，配对效率更高。在云计算的时代，人们的日常生活、社交娱乐等所产生的数据都将通过智能手机这个媒介，而 NFC 便成为了一个能够代替公交卡、银行卡、门禁卡等感应卡片的存在。不仅是手机，现如今许多智能可穿戴都争相融入 NFC 技术，因为它具有两大深受人们青睐的实用功能——一是移动支付，二是近距离共享数据。

无线技术已经在当前的智能穿戴领域中占据不可或缺的地位。在未来，只要在集成方面不存在冲突，那么多种无线技术也将长期共存，因为每种技术都有其最佳的使用场景。不过相对而言，蓝牙 Smart（4.0 版本以上的低功耗蓝牙技术）和 WiFi 将在穿戴式应用中更具优势。

5. 传感技术

可穿戴设备上的数据不仅源自触屏端或是其他输入设备，更多的是调动起自动采集与监测的功能，来获得用户活动的数据，以及外界环境变化产生的数据。因此，其中最核心的便是传感技术。

就拿最常见的运动手环来说，最初仅仅是利用加速度传感器来计步，但是随着各种各样的传感器不断植入，它的功能也丰富了许多。

显然，有了传感器的助力，可穿戴设备能够进一步了解使用者的生理机能，掌握更深层次的身体变化，并且将收集到的数据通过算法分析后成为真正可以引导健康生活的有价值的内容。

7.3 移动媒体新的应用与研究

随着科技的发展，越来越多的功能能够在移动端实现，在各个方面影响着我们的工作和生活。移动媒体不断更新、拓展着新的服务，为人们带来了很多意向不到的便利。

用镜头扫一扫路边的野花，马上告诉你这是什么品种。扫一扫路由器条形码，就能自动连上 WIFI。扫一扫路边的餐厅，立马跳出该餐厅的评分信息等。和谷歌翻译结合，扫一扫立马切换语言……

1. 移动支付

也称为手机支付，用户使用其移动终端（通常是手机）对所消费的商品或服务进行账务支付的一种服务方式。单位或个人通过移动设备、互联网或者近距离传感直接或间接向银行金融机构发送支付指令产生货币支付与资金转移行为，从而实现移动支付功能。移动支付将终端设备、互联网、应用提供商以及金融机构相融合，为用户提供货币支付、缴费等金融业务。移动支付使用方法有：短信支付、扫码支付、指纹支付、声波支付等。

2. 通过智能手机实现的医疗

（1）智能手机的超声技术

将探头插入到安卓智能手机获取优质的超声影像，而且可以及时传给患者或需要时传给同事进行说明，这是一个巨大的进步。

（2）智能手机多导联心电图和智能手表心电图

尽管单一导联心电图已经出现很多年了，但是该技术使用多导联更好地诊断，或使用手表从腕部快速鉴别和通知，也是一个小进步。

（3）智能手机诊断感染

现在可以使用智能手机廉价、快速和准确地诊断梅毒、艾滋病和其他感染性疾病。

皮肤癌是人类最常见的恶性肿瘤，目前主要是通过视觉诊断的。一般首先是临床筛查，之后可能需要皮肤镜分析、活检和组织病理学检查。使用图像的皮肤病变自动分类是一个具有挑战性的任务，因为皮肤病变的外观是一种细粒度的变化。

斯坦福的计算机科学家们做了一个包含近 13 万张皮肤疾病图像的数据集，然后训练算法能在视觉上诊断潜在的癌症。经过 21 位认证皮肤科医生的对比测试。在最常见的和最致命的皮肤癌的诊断上，该算法的表现已能媲美皮肤科医生。

尽管该算法目前用于计算机，但团队希望未来它能够兼容于智能手机，让可靠的皮肤癌诊断触手可及。配备该深度神经网络的移动设备可以让皮肤科医生的诊断拓展到临床之外。据预测，到 2021 年，将有 63 亿智能手机订阅该功能，实现低成本的重要诊断。

（4）智能手机和手表检测血糖水平

通过看手机或手表持续监测血糖水平（每 5 分钟更新一次，并且提供 3、6 或 24 小时的趋势变化及预设警报值）非常有用。

3. 智能共享单车

虽然近年来城市公交系统、轨道交通系统越来越完善，覆盖面也越来越大，可是最后的这 1—3 公里出行难的问题依旧难以解决，以致于我们不得不打出租车，甚至用步行的方式到达目的地。

共享单车的出现，迅速激活了海量的短途出行市场需求，城市中的最后一公里，骑单车出行最为方便，可以随用随取，所用时间及所费用也最低，成为短途出行中性价比最高的交通工具。这种高效的出行方式也改变了大众的出行习惯，现在只要一出门，就想找一辆共享单车来代步，这成为几千万用户的共同选择。虽然因多种原因，共享单车出现败局，但以"摩拜"为代表的大数据的技术应用还是值得一提的。摩拜单车，每一辆智能共享单车均配备了卫星导航芯片和物联网多模芯片，能够与摩拜单车的大数据后台实时连接，精准掌控每一辆车的位置和状态，从而实现精细化智能运维。目前，摩拜单车已经建成了全球最大的移动物联网平台，每天产生超过 5TB（1TB = 1024GB）的出行大数据；同时推出了行业唯一一个人工智能大数据平台"魔方"，在骑行预测、供需平衡、停放管理等领域发挥关键作用。

共享单车还使用到了移动能源技术——每辆摩拜单车都装载薄膜太阳能组件，能为智能锁、GPS 和 GPRS 等模块供应源源不断的绿色能源。利用薄膜太阳能组件柔性可弯曲、质量轻、能效转换率高、弱光发电性好等优势，能够将薄膜太阳能组件集成到摩拜单车车身，把车辆打造成独立的绿色发电主体，通过阳光照射为单车蓄电池进行充电，解决单车"智能锁"等各类用电需求。

4. 无人驾驶

无人驾驶是一种智能驾驶，也可以称之为移动机器人，主要依靠以计算机系统为主的智能驾驶仪来实现无人驾驶。它利用传感器来感知周围环境，并根据感知所获得的道路、自身位置和障碍物信息，控制自身的转向和速度，从而安全、可靠地在道路上行驶。

无人驾驶集自动控制、体系结构、人工智能、视觉计算等众多技术于一体，是计算机科学、模式识别和智能控制技术高度发展的产物，也是衡量一个国家科研实力和工业水平的一个重要标志，在国防和国民经济领域具有广阔的应用前景。

google、微软、百度等科技公司，福特、沃尔沃、特斯拉等汽车公司，越来越多的公司开始关注自动驾驶领域，研发无人驾驶技术。我国把网联智能汽车（无人驾驶汽车）作为汽车四个战略发展方向之一。在可预见的未来，无人驾驶领域的发展一片光明。

国内首条"无人驾驶"地铁线——北京轨道交通燕房线，计划在 2017 年年底开通。北京燕房线列车最高运行时速为 80 公里，共 4 辆编组，最大载客量为 1262 人。目前的调试任务，主要是通过统一行车调度指挥，完成各系统功能的调试任务；对电客车进行接收、看护、管理、调车等，并建立一套完善的管理体系。

欧盟一些矿业公司不仅在开采矿石时使用了机器人代替人类，而且开始研究开发无人驾驶船。计划引入巨型自动货轮来运输包括铁矿石、煤炭在内的所

有货物。这将会对价值3340亿美元的全球运输行业产生颠覆性影响

5. 无人机

无人驾驶飞机简称"无人机",英文缩写为"UAV",是利用无线电遥控设备和自备的程序控制装置操纵的不载人飞机,或者由车载计算机完全地或间歇地自主地操作。

与有人驾驶飞机相比,无人机往往更适合那些"愚钝,肮脏或危险"的任务。无人机按应用领域,可分为军用与民用。军用方面,无人机分为侦察机和靶机。民用方面,无人机+行业应用,是无人机真正的刚需;目前在航拍、农业、植保、微型自拍、快递运输、灾难救援、观察野生动物、监控传染病、测绘、新闻报道、电力巡检、救灾、影视拍摄、制造浪漫等领域的应用,大大的拓展了无人机本身的用途,发达国家也在积极扩展行业应用与发展无人机技术。

无人机集多种领域的先进技术于一身,其中包括建模、视频游戏和扩增实境。由手持移动设备远程控制,飞行器配备多个感应器,包括前置高清摄像头、直立式摄像头、超声波高度计。

多个无人机在编队飞行时,无人机集群还需要根据情况变换队形,例如遇到障碍物时整个编队的分离与重新融合,编队成员增加或减少时的队形调整,以及作战目标改变、威胁环境变化等其他突发情况下的编队重构等。当无人机集群面对高对抗性的战场环境,它们还需要自主判断如何以尽可能少的损失确保任务的完成率,使无人机集群在执行任务时的生存概率和作战效能达到最佳。众多无智能的个体,它们通过相互之间的简单合作所表现出来的智能行为称之为"集群智能"。

"集群智能"一直被各国视作无人系统人工智能的核心,是未来智能无人系统的突破口。军事专家傅前哨表示,无人机集群真正要实用化,面对的问题不只是编队飞行,还需要根据不同情况像智慧生物那样自主做出判断和决策。例如无人机集群控制的基础是协同态势感知,它们配备有不同的传感器,需要通过相互协同工作,实现信息共享,从而获得更大的感知范围和更高的精度。

6. 拿了就走技术

电商巨头亚马逊在西雅图开了一家超市——不用排队,不用付款,拿了东

西直接走人。打开手机 APP——AmazonGO，进门的时候刷下二维码。当你拿起一件商品的时候，摄像头会自动捕捉并记录你选购的商品及数量。如果不想买放回去了，系统也会自动扣除这件商品。买完东西，直接出超市。离开商店之后，系统会自动发送一张电子小票，包括购买商品的价格和信息。如果你购买之后反悔了，只需要返回，把商品放回货架即可。

拿了就走技术（Just Walk Out Technology）包括电脑视觉、深度学习演算法和类似无人车的感应器。消费者刷二维码进入超市时，位于入口处的摄像头会进行人脸识别。选购物品时，货架上的摄像头、红外传感器和压力感应装置，会对你选购的商品和数量进行判断。店内麦克风会根据周围环境声音判断消费者所处的位置。同时，这些数据会实时传输给 AmazonGo 商店的信息中枢，保证每个消费者的购买信息不会延迟。离店时，传感器会扫描并记录下消费者购买的商品，同时自动在消费者的账户里结算金额。

7. 多点触摸触控一体机

触控一体机是将触摸屏、液晶屏、工业 pc 单元（俗称的主机）以及一体机外壳进行完美的组合，最终通过一根电源线就可以实现触控操作的机器，称作为触控一体机。

多点触摸（MultiTouch）技术指的是允许计算机用户同时通过多个手指来控制图形界面的一种技术。常见的触摸显示屏只能够识别单点或双点，触摸技术可以达到 6 点、12 点、32 点甚至是更多可以互动的点数。

多点触摸触控一体机可以设计出触控屏办公桌：高科技办公桌设计把整个办公桌面变成了一个触控屏，桌面上摆放着日历、待办事项清单、通知、记事本、计算器等常用的应用。甚至把手持移动设备放到桌面上便可以和触控屏办公桌进行同步。文件将彻底"装"在办公桌里面，完全做到无纸化办公。

8. 可穿戴设备

可穿戴设备是直接将移动媒体硬件穿在身上，或是整合到用户的衣服或配件的一种便携式设备。可穿戴设备不仅仅是一种硬件设备，更是通过软件支持以及数据交互、云端交互来实现强大的功能，可穿戴设备将会对我们的生活、感知带来很大的转变。

2012 年，因谷歌眼镜的亮相，被称作"智能可穿戴设备元年"。在智能手机的创新空间逐步收窄和市场增量接近饱和的情况下，智能可穿戴设备作为智能终端产业下一个热点已被市场广泛认同。

可穿戴设备多以具备部分计算功能、可连接手机及各类终端的便携式配件形式存在，主流的产品形态包括以手腕为支撑的 watch 类（包括手表和腕带等产品），以脚为支撑的 shoes 类（包括鞋、袜子或者将来的其他腿上佩戴产品），以头部为支撑的 Glass 类（包括眼镜、头盔、头带等），以及智能服装、书包、拐杖、配饰等各类非主流产品形态。

这两年来表皮电子有了新的突破，国际知名的柔性电子学专家约翰·罗杰斯（JohnRogers）2016 年在 Science 的子刊上连续发了两篇论文，介绍两种最新的表皮电子。这个表皮电子可以利用机械波测量人体的心电图和肌电图，对将来可穿戴设备的影响会非常大。

（1）智能手环、手表

微软、苹果、英特尔、摩托罗拉、三星、LG 电子等厂商纷纷推出新的智能手环、手表产品，不但功能更加丰富，外形也越来越吸引眼球。

为提升用户对可穿戴产品的兴趣，厂商都在寻求具有自身特色的产品推广路线。比如在智能手表上搭载健康数据存储平台，能够收集并储存心率、热量消耗、血糖、胆固醇、实验室报告以及药物等数据，并在用户许可的情况下将这些数据提供给医生、应用研发者以及其他人士。

目前已经有诸多医疗保健机构和保险公司对苹果智能手表和 HealthKit 平台产生兴趣。波士顿一家医疗中心的分析师哈拉姆卡表示，医生有望通过相关产品对患者进行远程监控，以防术后并发症的发生，并且能够早期发现问题，节省医疗成本。目前纽约梅奥诊所、凯泽永久医疗集团等医疗保健机构都已经与苹果展开合作。

此外还有一些生产厂商寻求与时尚品牌牵手，走高端路线。芯片巨头英特尔与美国时尚零售品牌共同打造的高端智能手环 MICA。这是一款类似于首饰的智能穿戴设备，外观镶嵌珠宝，具有 3G 功能，可以独立于智能手机进行工作。英特尔进一步宣布将与手表和时尚配饰零售商 Fossil 合作开发可穿戴设备。谷歌与时尚品牌合作开发了谷歌眼镜。

(2) 其他移动设备

"百度筷搜"看起来和一日三餐的普通筷子没什么差别，却拥有智能检测地沟油、饮用水酸碱度和水果甜度、品种和产地等特色功能，可连接智能手机，随身携带使用。百度筷搜有两大亮点：一是目前全世界最小、最细，也是最全的传感器集成，可以收集水、汤、油等各种食物的数据；二是真正建立了食品健康的大数据分析库，基于云计算，将采集到的数据进行实时分析，转化为各项食品安全指标。

摩托车智能安全背心，法国发布了一款摩托车智能安全背心，这款保护装置还可以自动拨打求救电话。该背心拉链前置，易于穿脱，脊柱两侧处设海绵防震带，骑手可以将它穿在夹克里面。背心的核心装置 In&box 能够通过内置传感器监控摩托的平衡状态，预测撞击的发生，检测骑手的状态。收到外界冲击后，背心能够瞬间（100 毫秒内）弹出安全气囊，并通过数据判断骑手状态。若发现骑手连续 3 分钟一动不动，则立刻通过内置通讯设备拨打求救电话，从而挽救骑手生命。

智能水杯，精确地记录你的每一次饮水及饮水量，配合先进的水平衡算法，最合适的时间提醒你该喝水了。当感到口渴想要喝水的时候，体内缺水已经达到2%，口渴本身其实是体内已经严重缺水的表现。

斯坦福大学研究员设计制作了可穿戴无人机。折叠时变成腕带可佩戴在手腕上，腕带展开后变成一架四旋翼无人机，可以飞行、拍摄照片或视频。

(3) 针对动植物的可穿戴设备

这种设备可以让动物的疾病检测变得更简单，通过降低动物的患病率，进而使得相关产业能够节省大量的成本，并减少人为风险。

德州奥斯汀的公司 Vital Herd 开发出了一种可停留在奶牛的瘤胃（胃部的一部分）的"电子药丸"。被牛吞下之后，该设备会感应像心率、呼吸率、胃部酸度和荷尔蒙水平这样的指标，如发现问题，它会及时通过短信通知农场工人。该设备针对的是乳牛。

还有可以把动物的思想转化成人类的语言说出来的智能设备。该设备用微计算和脑电图（EGG）读取分析动物的思维模式，并使用扬声器将它们的思想用人类的语言"说"出来。当然，该设备目前可以翻译的动物语言有限，例如

"我累了","我饿了",或者当宠物看到陌生人时会说"你是谁"等此类极其简单的话。

环顾全球,现在的移动互联网行业不再单纯是基于信息技术的领域,越来越多的互联网企业涉及各种软硬件玩法。科技以人为本,人们的衣食住行正在融入更多的新科技、新技术,联网家庭和遥控生活将成为未来的主流,物联网也大有机会。有时候,一项新技术甚至能改变一个行业格局。

思考题

1. 移动媒体时代主要关键技术有哪些?

2. 思考 5G 技术将为人类生活带来哪些幸福?

参考文献

1. Wirelessmarkup Language ［EB/OL］. Wiki. https：//en. wikipedia. o rg/wiki/Wireless_Markup_Language

2. XHTML 简介 ［EB/OL］. W3C School. http：//www. runoob. com/html/html－xhtml. html

3. HTML5 ［EB/OL］. W3C. https：//www. w3. org/TR/html5/

4. 张爱华，吕京涛. CSS 快速入门 ［M］. 青岛：青岛出版社，2000.

5. PHP ［EB/OL］. PHP. http：//www. php. net/

6. 窦平安，靖继鹏. Web 源与内容聚合：RSS/Atom 的扩展、生成、发布、发现与共享 ［J］. 情报科学，2009. 6.

7. AJAX［EB/OL］. 百度百科. http：//baike. baidu. com/item/ajax/8425？ sefr＝cr

8. GPS［EB/OL］. 中国江苏网. http：//mil. jschina. com. cn/system/2012/09/20/014627347. shtml

9. 云计算的概念与内涵［EB/OL］. 中国云计算. http：//www. chinacloud. cn/show. aspx？ id＝14668&cid＝17

10. 大数据究竟是什么？一篇文章让你认识并读懂大数据 ［EB/OL］. 中国大数据. http：//www. thebigdata. cn/YeJieDongTai/7180. html

11. That ´Internet of Things´ Thing ［EB/OL］. RFID JOURNAL. http：//www. rfidjournal. com/articles/view？ 4986

12. 物联网概念的起源及演变 ［EB/OL］. 中国物联网. http：//www. net-ofthings. cn/GuoNei/2014－11/3554. html

13. 人工智能（计算机技术）［EB/OL］. 百度百科. http：//baike. baidu. com/item/%E4%BA%BA%E5%B7%A5%E6%99%BA%E8%83%BD/9180？ sefr＝cr

14. 智能汽车的概念、架构、发展现状及趋势 ［EB/OL］. 中国智能硬件.

http://www.chinaznyj.com/ZhiNengQiChe/313.html.

15. ［美］保罗·莱文森.新新媒介［M］.上海：复旦大学出版社，2011.

16. 刘滢.手机：个性化的大众媒体［M］.北京：人民出版社，2009.

17. 阚子毅.传统媒体微信公众账号的发展现状与策略研究［D］（硕士学位论文）

18. 严洋.基于微信的报纸媒体营销研究——以《江淮晨报》为案例［D］（硕士学位论文）.安徽大学新闻传播学院，2014.

19. 李阳.微信兴起的原因和发展趋势［J］.青年记者，2013（7）.

20. 杨欣怡.从用户视角分析微信公众号"罗辑思维"［J］.西部广播电视，2014（10）.

21. 户庐霞、贺洪花.大数据时代下"微信公众平台"发展的机遇与挑战［J］.当代电视，2013（12）.

22. 张贞.从"罗辑思维"看自媒体传播特质与生长空间［J］.传媒观察，2014（10）.

23. 祁亚楠.微信引发的新媒体变革［J］.中国广播电视，2013（5）.

24. 唐超兰.以用户为中心的手机界面设计方法探讨与实践［J］.应用技术与研究，2010（7）：57-59.

25. 张枝.基于用户体验的高校手机教务平台 UI 设计［J］.机电技术，2013（12）.

26. 狸雅人.photoshop 智能手机 APP 界面设计.北京：人民邮电出版社，2013.

27. 梁日升，杨杰.网页艺术设计［M］.北京：机械工业出版社，2013.

28. 张晨起.photoshop UI 交互设计［M］.北京：人民邮电出版社，2016.

29. 施威铭.Android App 开发入门：使用 Android Studio 环境［M］.北京：机械工业出版社，2016.

30. Juhani Lehtimaki.王东明译.精彩绝伦的 Android UI 设计：响应式用户界面与设计模式［M］.北京：机械工业出版社，2013.

31. 明日科技.Android 从入门到精通［M］.北京：清华大学出版社，2012.

32. 穿戴设备领域最有价值的三大技术 http：//www. elecfans. com/wearable/395544. html

33. 可穿戴设备 http：//baike. sogou. com/v59389842. htm？ fromTitle = %E5%8F%AF%E7%A9%BF%E6%88%B4%E8%AE%BE%E5%A4%87

34. 微信小程序 百度百科：

35. http：//baike. baidu. com/link？ url = MoBBsaZas2c2KOx – WxxfjWT5e – Spg3 – WQepsxLSiUr2Ok5XPnNvJLBlhHeZGRtbl2HEkwrrqflyHjyzl sgKbEM_ WGIytim H9U_ qtFwdpdHrM1U – mBUnbGR4FcsJiceV028tARQ7Sxc2WL2AETurtkK

36. 常慧勇. WeChat 巧学巧用微信小程序. 喜科堂互联教育 www. xiketang. ke. qq. com.

37. 休伯特·德雷福斯. 人工智能的极限——计算机不能做什么. 北京：三联书店，1986 年.

38. Nils J. Nilsaon. 人工智能. 郑扣根，庄越挺译. 北京：机械工业出版社，2000：36.

39. 孙晔，吴飞扬. 人工智能的研究现状及发展趋势 [J]. 价值工程，2013 (28)：5 - 7.

40. 陈庆霞. 人工智能研究纲领的基本问题和发展趋势 [D]. 南京：南京航空航天大学，2009.

41. 徐勇. 关于人工智能发展方向的思考 [J]. 科技创新与应用 2016 (3)：4.